电商视觉营销设计

必修课（Photoshop版）

李彦广 龚雨齐 编著

清华大学出版社

北京

内 容 简 介

本书主要与大家分享了作者从事电商视觉营销设计多年来在实际工作中的各类设计技巧和应用技巧，对于目前互联网时代，设计师如何设计符合线上、线下（O2O）思维的视觉内容也进行了精细思考。

本书共分3个部分：第一部分为基础知识（第1~2章），分享了电商视觉营销设计中的一些基础性知识，主要包括电商视觉营销设计如何创意、如何洞察客户的需求、如何做好自己的知识储备；第二部分为重点技巧应用（第3~9章），从基本的设计构成入手，分享了电商视觉营销设计中各个组成要素的制作技巧、表现技巧和应用技巧，主要包括图像的修编技巧、色彩的搭配、文字的版式编排及店招、视觉海报、焦点轮播广告的设计技巧；第三部分为综合实战（第10~12章），以电商视觉营销设计中常见的店铺首页、详情页、专题页面的表现技巧和应用技巧为基点，重点分享了其中的详细思索过程和设计过程。

本书通过技巧分享，让大家真正理解电商视觉营销设计的要求，电商视觉营销设计的特点，电商视觉营销设计中优秀创意的切入点，浏览者的期望点。从而学会如何替浏览者思考，如何做到用设计理论和电商思维指导实战案例的设计，如何设计出浏览者喜欢的作品。

本书特别适合电商视觉营销设计专业学生、电商视觉营销设计爱好者学习，也可供相关专业毕业生实训、相关培训机构使用。

图书在版编目(CIP)数据

电商视觉营销设计必修课：Photoshop 版 / 李彦广，龚雨齐编著 . 一北京：清华大学出版社，2021.6
（2023.2 重印）

ISBN 978-7-302-58191-8

Ⅰ . ①电… Ⅱ . ①李… ②龚… Ⅲ . ①图象处理软件 Ⅳ . ① TP391.413

中国版本图书馆 CIP 数据核字 (2021) 第 092034 号

责任编辑： 韩宜波
封面设计： 杨玉兰
责任校对： 么丽娟
责任印制： 宋 林

出版发行： 清华大学出版社
      网 址：http://www.tup.com.cn, http://www.wqbook.com
      地 址：北京清华大学学研大厦 A 座　　邮 编：100084
      社 总 机：010-83470000　　邮 购：010-62786544
      投稿与读者服务：010-62776969, c-service@tup.tsinghua.edu.cn
      质 量 反 馈：010-62772015, zhiliang@tup.tsinghua.edu.cn
印 装 者： 三河市龙大印装有限公司
经 销： 全国新华书店
开 本： 185mm×260mm　　印 张：16.25　　字 数：393 千字
版 次： 2021 年 7 月第 1 版　　印 次：2023 年 2 月第 4 次印刷
定 价： 79.80 元

产品编号：088469-01

前言 Preface

在信息技术飞速发展的今天，尽管市面上拥有众多的软件应用类教程和书籍，但初入职场的青年人、大学生、设计爱好者在工作中依然会发现自己精心设计的视觉作品并不能很好地得到领导的认可和客户的喜欢。为此，作者在执笔构思本书之前曾多次调研了在校学生、应往届毕业生、设计师、Photoshop设计爱好者，调研中发现的问题主要体现在以下3点。

（1）软件说明书式的庞大百科教程只是让大家在学习过程中更多地了解软件的使用说明，而无法真正地接触到电商视觉营销设计中基于市场需求的思维技巧和符合创意要求的核心诉求。

（2）虽然每天都会通过多种途径接触到各类设计教程，但很多时候，自己参考教程所设计的作品并不能符合浏览者的真实需要，花费大量时间设计的华丽视觉效果也无法获得较高的点击量。

（3）传统教育中的说教式教程编写方式，无法实现"以设计需求为中心"，也无法让自己的设计思维得到真正的拓展。

基于以上3点，作者决定不做软件说明书式的百科教程，同时也尽力避免软件功能简单罗列的编写方式，因此按照以下4点进行本书内容的设计。

（1）知己知彼：在本书的基本技能结构搭建上，我们对电商用户的消费心理、设计技巧、思维技巧、创意技巧、知识点活用、案例分享等内容进行了梳理，力求做到让大家"知其然，更知其所以然"。

（2）活学活用：在总体的编写模式上，我们采用了分享的方式，与大家分享设计的技巧和思考的方法和技巧，力求对核心知识点进行提炼，将它们在实际应用中的前因后果、应用拓展等"干货"拿来与大家分享。

（3）弃繁就简：在具体的写作方式上，我们采用了概括整理的方式，对行业应用与设计工具使用技巧和思维方法进行了归纳和总结，最大限度地方便大家对各知识点和应用技巧在横向、纵向之间展开对比，进而实现自我实战能力的提升和思维能力的拓展。

（4）循序渐进：本书采用"从入门到提高、从了解到应用、从新手到高手"式的结构设计和内容分享框架，方便读者通过学习真正实现设计能力的提高。

本书由李彦广、龚雨齐编著。由于作者水平有限，书中难免存在不足之处，欢迎大家批评指正，也欢迎大家在使用本书的过程中提出更为优良的见解，我们会不断地修订本书，并在新版本中加入更多精彩的内容。

本书提供了案例所需的素材、源文件以及视频文件，扫一扫下面的二维码，推送到自己的邮箱后下载获取。

特别说明：本书部分图像素材来源于网络，仅为向更多的求知者分享具体的应用技巧，并无侵权之意，鉴于出处无法逐一核实，在此，谨对原始素材提供者表示真挚的感谢！

编 者

目 录 Contents

第 1 章

电商设计师的 4 项必备常识

章前
导语

随着移动互联网及新媒体的快速发展，网络购物正在悄悄地改变着人们的购物和消费方式，所以，市场对电商视觉营销设计人才的需求也在不断高涨。Photoshop CC的出现，使得我们进入了创意云时代，而作为即将步入职场的新设计师，学习电商视觉营销设计的目的，也是为了在实战中获得实现自我价值的机会。本章将与大家一起分享Photoshop CC电商设计师需要知晓的4项必备常识。

1.1 走近电商设计师

1.1.1 电商设计师的主要职责

电子商务的飞速发展，使得具有一定电子商务知识，又同时具有良好设计基础的设计师成为职场"抢手货"。职位是固定的，但设计师的日常工作却是灵活的。那么在实际的电商运营团队中,作为电商设计师的主要职责有哪些呢?本节内容我们一起来分享。图1-1所示的是我们团队在运营过程中，设计师实际所承担的任务，主要包括以下四个部分。

图1-1

1.商品图的拍摄与处理

该部分任务包括根据不同商品确定不同的展示布局，存放环境，对商品实物进行拍摄；对拍摄的产品图片进行整理、分类、存储，建立图库，做好相应的备份措施；根据需要对商品图片进行一定的美化，根据运营需要制作产品的水印效果；产品图片后期处理，及简单的色彩、色调处理。

2.视觉营销设计

该部分任务包括设计网站及店铺活动的推广宣传活动图片；负责网站、网店推广相关宣传用品的设计，包括专题页面设计、推广海报、活动海报、促销海报等；把商品细节图、平铺图与针对性的文案结合，制作具有较强卖点的宝贝描述。

3.网站、网店各项页面的构建、设计与装修

该部分任务包括综合参考营销部的调研数据与自身设计理念，对网站、店铺各种页面和构建要表达的效果进行分析和描述；综合网站及店铺后台数据与自身设计理念，对网站、店铺各种页面和构建要表达的效果进行分析和描述；收集美工素材，统筹思路，提前做好下一期美工设计的准备工作。

4.与运营部门的协作

该部分任务包括结合活动特点进行文案策划；在本职工作保质保量的情况下，支援运营部门的设计需求。

1.1.2 电商设计师的薪资待遇

做好电商视觉营销设计，需要掌握的常用设计软件有Photoshop、Dreamweaver、Flash、Illustrator等。

此外，如果您还了解一些常用的色彩搭配、构图、版式构成知识，还懂一点营销或网络营销知识，那就最好不过了。

做好电商视觉营销设计，既然需要这么多"硬知识"，所以与之对应的薪资待遇也就自然地具有相当大的吸引力了。

据统计，电商视觉营销设计师的平均工资待遇在4000~4500元/月，公司当然还会为员工缴纳五险一金。有两年行业从业经验的人员，底薪通常在3000~6000元。图1-2所示为国内著名招聘网站猎聘网招聘电商设计师的年基本薪资待遇。

图1-2

1.1.3 电商设计师的市场需求

根据权威数据调查显示：随着移动互联网信息时代的变革及移动电子商务、跨境电子商务的迅猛发展，目前及未来几年内电商视觉营销设计师的需求将更为突出。特别是在北京、上海、深圳、杭州、广州等一些城市对设计师复合型职位的需求急剧上升。图1-3所示的是电商视觉营销设计师平均薪资为5000元。

图1-3

1.1.4 电商设计师的"薪"动向

作为喜爱或即将从事电商视觉营销设计的我们来说，薪资"钱景"又在哪里呢？

静下心来认真分析，原来我们也是可以在电商视觉营销设计行业大有作为的。本节内容将与大家一起分享在信息时代推动下十分有"钱景"的3条出路。

1.微信创意设计师

您是不是觉得有些微信的推广海报十分有创意呀！对了，未来的时代属于移动时代，微信推广与微活动的推广力度肯定将加大，那么与之相对应的微信创意设计师肯定会受到市场的青睐！如图1-4所示，一些电商视觉营销设计师设计的微信推广活动效果已经广泛应用于商业之中了。

图1-4

2.微商城视觉设计

微商尽管前两年一度被"面膜"一族给搅黄了，但是请相信，未来的微商还会迎来重新洗牌后的发展。由于移动端的视觉营销设计及设计标准有别于传统的PC端设计标准，所以多关注移动端的设计及要求，对我们未来的职业发展一定有所帮助。图1-5所示为视觉营销设计师为某网络运营公司设计的多种微商城模板。

图1-5

3.跨境电商视觉营销设计

跨境电商将是未来电商发展的又一蓝海，与天猫、京东平台一样，卖家做跨境电商，同样需要优秀的电商视觉营销设计人才，如果您懂一点英语，又了解一些国内外消费者的购物心理，请相信，您绝对有用武之地。图1-6所示为天猫国际和亚马逊海外版的店铺截图，我们可以很清晰地看到，亚马逊海外版的轮播海报设计方式采用垂直式的轮换形式，这一点有别于国内的水平式轮换效果。

图1-6

1.2 电商设计师应该知晓的设计常识

淘宝、天猫、京东、苏宁易购、唯品会、聚美优品、当当网、红孩子等电商平台的视觉设计师，甚至包括无线端，都应该知晓一些基本的设计常识，进而提高设计效率。

1.2.1 对电商商品主图需要知道的5件事

做电商的人都知道，一定要讨好产品中的五位"款爷"，分别是引流款、利润款、活动款、形象款和备用款，所以电商视觉营销设计师要做好与之相对应的五类主图设计，并规划好它们之间的分工。

1.引流图：针对搜索，刺激用户的痒点

以引流为主要目的的主图，在设计时就一定要让消费者最直接地看到图片的兴趣点，产生立即想要进入店铺详情页看看的冲动，不点击进去看看，心里总感觉痒痒的。当然要做好这一点就要求设计师具有一定的创意能力和思考能力。本书中与大家分享的一些设计案例希望能带给您一些启发。图1-7所示为茵曼官方设计的产品主图，几乎每一款产品都与场景结合。

图1-7

2.利润图：针对卖点，刺激痛点

这类主图就要简洁、直观地展现产品的卖点，不能遮遮掩掩。所谓产品的卖点，就是产品可以直接为用户解决问题的优势、方法、途径，或者直接面对用户的疑问，直戳用户的痛点。这样的主图设计最能打动用户，触动用户的购买神经。一句话，用户存在的痛点就是他们最希望马上解决的问题。如图1-8所示，设计师通过倾斜式分割版面，除了将产品展示得更清晰外，还直接将产品的卖点表述清楚了（下水更畅快，深水封防臭）。

图1-8

3.活动图：激活用户的兴奋点

能引起用户尖叫的产品，一定能提高流量的转换。这样的主图在设计时应考虑如何用好优惠政策，是赠品，还是包邮；是提前试用，还是享有特殊的权限。激活用户的兴奋点是实现冲动型用户购买的良药，是经过大家证明有效的手段。想一想，有多少时候，面对令我们兴奋的促销，会毫不犹豫地直接购买，甚至连放入购物车的过程都省略了。

4.形象图：展示实力，主攻爆款

形象图的主要作用一方面是展现店铺或品牌的实力，另一方面还可以展示产品的销量数据。我们常说，做电商就要讲信用，多摆事实，很显然，在产品的形象图中运用数字展示销量就是最直接、最简单的一种方式，尽管让顾客觉得有点吹牛，但他们还是很享受这种自我陶醉的感觉。如

图1-9所示，该产品的主图设计仅仅用一个醒目的标签标明了该产品的月销量，就足以在无声中向消费者展示该展品的销量和受欢迎程度。

图1-9

5.备用图：做好差异化，多一点说服力

顾客虽然面对的是电商平台中成千上万的产品，但从理论上说，每件产品都是独一无二的，就像人的手掌纹路一样。在产品的主图设计中用好差异化，既可以通过产品的细节来展现，又可以通过售后的服务文案来体现，也可以通过物流配送来展现，甚至还可以通过用户最后的开箱来展现。

1.2.2 手机移动端的店铺商品展示设计要求

对于手机移动端商品展示板块的设计，我们首先要明白一点，那就是移动端的设计绝对不同于PC端的设计要求，更不是简单的缩小版的PC端设计。移动端的产品展示模块设计一定要考虑到流量转换的高低，通常都是按照新品热卖的销量进行划分，在做促销活动时，以爆款为主，平时做活动时，应按照产品的热卖程度进行调整。

所以，在设计时，一定要突出产品的卖点，用文案描述产品的卖点，弄清产品卖点描述的逻辑关系。移动端的用户多为一种碎片化的消费，所以设计一定要简单而明确，不要使用太多的文

字。受到阅读屏幕的限制，用好图像始终是第一位的，而且一定要注意，设计的落脚点在用户，而不是设计师本身。

1.2.3 做好电商设计师必须知晓的8个概念

做好电商设计师，除了具备良好的设计技能之外，还应该了解一些与电子商务及网络有关的概念。本节内容将分享在电子商务运营中，作为电商设计师应该知晓的8个基本概念。

（1）UV：独立访客数。独立访客数和独立IP是两个概念。独立IP，要求访问者的IP地址各不相同；独立访客数则未必。例如，同一台电脑，你注册了一个新用户，你同事注册了另一个新用户。此时，店铺的后台会记录下一个独立IP，但同时会记录下两个UV。在同一天，不管一个独立IP的独立访客访问多少次，店铺后台都只记录1次。

（2）PV：页面访问量。每一个用户，每打开一个页面，就是一个PV。假设一家店铺有5个类目，分别是果脯、坚果、炒货、土特产、预订，共有5张页面，用户进入店铺依次点击了5个类目的页面，店铺后台就会获得5个PV。IP\UV\PV，构成了一个网站的独立访问数量。图1-10所示为京东商城某商家的店铺后台数据。

图1-10

（3）用户体验UE：它是指用户访问一个店铺或者使用一个产品时的全部体验。

（4）VP：视觉陈列。作用是表达店铺卖场的整体印象，引导顾客进入店内卖场，注重情境氛围营造，强调主题。VP是吸引顾客第一视线的重要演示空间。地点是焦点图、轮播图的入口位置。

（5）转化率：Conversion Rate的缩写，是指在访问某一网站的访客中，转化的访客占全部访客的比例。

（6）跳出率：跳出率是指浏览了一个页面就离开的用户占一组页面或一个页面访问次数的百分比。

（7）人均访问页面：PV总和除以IP，即可获得每个人平均访问的页面数量。至少人均访问页面需要超过10个以上，才算是优质的用户。

（8）关键词：先说主关键词，主关键词就是产品核心词，例如铅笔就是核心词。长尾词就是包含核心词的短语，例如广州铅笔批发、铅笔批发价格、求购铅笔等。精准关键词就是与你所经营的产品和服务紧密相关的关键词，比如你是做铅笔批发的，那铅笔批发就是精准关键词，但是一般优化关键词都是优化长尾词，因为长尾词包含了核心词和精准关键词，而且做长尾词也比较容易做上搜索引擎首页，根据运营经验，大量的长尾词远胜过精准关键词和核心词。如图1-11所示，为天猫某商家对店铺分析的数据结果，这些分析结果对设计师进行针对性的设计有很大的指导作用。

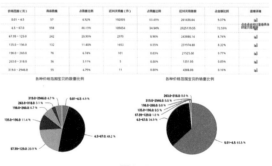

图1-11

1.2.4 电商设计的正确流程您必须知晓

熟悉电商设计的流程，可以减少不必要的返工，提升设计的效率。一般来说，电商设计的流程包括以下5个步骤。

（1）规划素材，这一步主要是让设计师在设计之前就要考虑好店铺的设计风格和装修目的。在搜集素材、拍摄产品图像、模特图像时，一切围绕设计的目的和要求来准备素材。

（2）选择相应的设计工具对素材图像精美化和处理，然后进行必要的版式设计，在设计时应多和运营部门沟通，一切按照提高转换率、提升销量为主，不要为了设计而设计。此外关于产品颜色色调的处理与修复一定要注意，不能为了美化而美化，改变了产品原本的色彩、色调，否则，用户购买到产品时，若发现产品色调与描述差异太大，就会引起很大的麻烦。

（3）将设计完成的效果图按照电商平台发布的要求进行无缝裁切和保存。在这里需要注意的是，如果发布图像是应用于移动端，最好不要对产品的完整图像进行切割，一定要保持其完整性，这一点是由移动端的浏览特性决定的。

（4）借助Dreamweaver等软件为产品图像添加热点链接并转换为代码文件。在这里需要注意的是，如果发布图像是应用于移动端的首页焦点图，有些平台，例如天猫商城的店铺首页是不支持热点链接的。

（5）将转化好的代码安装到店铺当中。

以上5个步骤大家可以作为参考，不是必需的步骤。在本节的最后，将与大家分享一个与设计有关的表格文件，如图1-12所示，希望设计师用这张表格减少不必要的沟通和反复改稿的次数。

设计流程单

所在部门					
报单人		报单时间		年　月　日　时	
		初稿/定稿完成时间		年　月　日　时	
页面设计需求单					
宝贝主图设计		宝贝描述设计		海报设计	
店铺装修		活动页设计		推广图片	
产品修图		活动报名图片		其　他	
页面风格偏好	□与以往风格一致　□简洁 □大气、简约，浓厚的活动气息　□古典,怀旧,经典　□年轻时尚,青春活力,另类　□活泼生动,情趣　□其他:				
页面整体色调	A，□延续以往风格 □橙色系列 □黄色系列 □绿色系列 □青色系列 □蓝色系列 □紫色系列 □灰白色 B，参考下列网站主体色调: ______ C，请按已提供的页面或者图片上主色调设计 D，无特别要求				
参考案例的链接	A,店铺地址：______ B，无特别要求，设计师可按照主题、促销时间自由创意				
详细说明	（可提供页面的简易草图，功能说明等等，尽可能地详细说明，减少方案反复）				

图1-12

1.2.5 微商城视觉设计的4个特点

微商城视觉设计与PC端店铺的首页设计有相似之处，但也有不同之处。本节内容将与大家一起分享微商城视觉设计的4个特点。

（1）信息一定要简洁，能够快速地打开，快速地被浏览。移动端受制于浏览面积，所以店铺信息的呈现也就受到限制，如果信息量过大，就会导致浏览者无法读取和识别。移动端不像PC端有“后退”和“前进”的导航按钮，一旦用户认为信息不能识别，浏览体验不能获得满意，仅需一步就可跳离店铺，造成不必要的流量损失。

（2）设计主体部分要与店铺的整体风格相结合，做到首尾呼应。微商城不同于PC端商城店铺，在移动端，设计师需要考虑的是，想尽一切可能的办法来增加用户对店铺的记忆。移动端微商城的视觉信息属于狭窄的信息展示，而风格一致、结构明晰的店铺更容易获得较高的满意度。

（3）文案要简洁清晰，文字内容一定要注意精简，有时卖家为了吸引顾客，会特别突出产品的多个卖点，但切记不要将多个卖点集中在一张海报上进行集中展示，而应按照一定的逻辑顺序，分布在多张海报上，这样信息才会变得简洁，更容易被识别和浏览。

（4）产品的结构分解要清晰，各模块的用色要鲜亮。移动端由于浏览面积小，视觉受限，如果一味地使用大量的深色，就会无形中破坏阅读体验。要知道碎片化的购物时间，所需要表达的更多是一种快乐和轻松，这一点即使是名牌产品也不例外。图1-13所示为某品牌的微店铺为节假日促销所采用的风格，用红色和黄色将节假日的氛围渲染得淋漓尽致，在对比色（绿色、紫色）的映衬下显得更加热闹非凡。

图1-13

1.2.6 微信视觉推广设计的注意事项

微信推广广告的目标受众越多，商家获得成交的机会就会越多。电商设计师要想提高设计案例通过的概率，在设计作品时除了要结合流行的网络事件、网络话题、社会热点做好创意之外，还应该用好一些流行的时尚元素，来增加广告受众的关注度。

1.二维码

二维码作为一种特殊的时尚元素，越来越受到客户的喜爱和认可。一方面，它可以避免设计师再去使用复杂的设计手法和表现形式来设计任务繁重的项目；另一方面，简洁的版面布局也很

容易满足客户对设计案例中"大气感"的要求。

更重要的一点是，二维码中所包含的声音、图像、视频、超链接、企业电子名片等信息已经远远超出传统平面广告版面所包含的内容。图1-14所示为作者为某企业设计的马年新年拜年海报。

图1-14

2.网络用语的使用

网络用语尽管在很多语言及文化研究者的眼中显得很"另类"，但是不可否认，随着信息技术的广泛使用及大量O2O企业的出现，电商视觉营销设计师在设计案例时，如果能够巧妙地"植入"一些合理化的网络语言，不仅会使得案例很接"地气"，而且也会得到更多网络爱好者的关注，对于客户而言，可谓"一箭双雕"。图1-15所示为某企业在宣传海报中所用网络语言的画面效果。

图1-15

3.用好"红包"这个万能的法宝

提起红包，您的眼睛是不是会马上来电呢。在微信群中，经常看到群主为了加强与会员、群友的互动，采用各种样式的创意来发红包。可以说红包就是一种天然的、具有某种魔力的社交传播元素。红包的出现，不仅激活了微信群，更拉近了会员与群主、会员与会员之间的感情，当然，这样的营销效果一定是商家最喜欢看到的了。

作为电商视觉营销设计师，一定要规划好红包游戏的规则，设计出具有创意、非常有吸引力的微信海报，来辅助发红包游戏的开展。

如图1-16所示，创意感十足、喜庆氛围十足的微信红包海报设计，十分适合应用于春节期间的视觉推广。

图1-16

1.3 电商视觉营销设计需要掌握的 6 项主要技能

1.3.1 素材整理与搜集

电商视觉营销设计中所需要的素材，不仅仅是我们案头已经存在的背景、图案、花纹，还包括样式、画笔、自定义形状等。我们在使用时，可分类归纳、按需应用。这样做的好处是避免在需要使用一个素材时，还要花费大量的时间在素材库中进行"海底捞针"式的搜索。例如，按照类型分类，可以分为动物、植物、边框、指示、自然气象等；按照名称分类，可以分为线条花纹、蝴蝶、水滴、火焰、书法、阴影、水墨等，如图1-17所示。

图1-17

对素材进行分类的优点是，设计人员在设计中使用素材时可以非常高效地找到所需素材，同时由于各种素材都进行了归类，所以在一定程度上还方便了设计人员对所用素材进行更加精细的筛选与斟酌，从而避免临时抱佛脚。

有时候，在设计的过程中也会遇到困难。例如，自己想出一个十分满意的设计方案，但是素材却无处可寻，或者找到了相关的素材，却又不是十分满意。面对这个困难，我认为可以采用以下4种方法进行解决。

1.用文字组成特定含义的图形

我们知道文字是一个很有活力的设计符号，如果巧妙地为文字赋予一定的情感，那么设计出的效果就会具有美感，如图1-18所示。

图1-18

2.用扫描仪直接扫描已经存在的包装材料或建筑材料

这种方法适合制作数码相册的质感背景。有时候，我们很想制作一种具有质感的相册背景，但是手头的素材却十分有限，此时，就可以尝试用扫描仪扫描身边的塑料气泡膜、牛皮纸等物品，然后用Photoshop软件进行二次加工，这样也可以得到非常具有个性的背景效果，如图1-19所示。

图1-19

3.绘制素材

当确定了设计的风格和要求后，在我们的大脑中要有清晰的设计概念，我们需要哪种素材？

需要从哪里找素材？切记，不要在设计中途才发现原来的素材与设计所需要展现的风格格格不入，再重新整理素材，那样将会得不偿失。

最有效的方法就是绘制自己的素材，这其实是一种高效直接的方法。Photoshop软件为我们提供的矢量图形绘制工具功能十分强大，不仅可以灵活更改图形的轮廓属性，而且也可以编辑图形的边角属性，如图1-20所示。

图1-20

这样的成功案例在电商视觉营销设计中也大量存在。如图1-21所示，黄色代表着华丽与"疯抢"，但是如何表达这个"限时疯抢"呢？设计师通过绘制的灯光、明暗交替变化的不规则形体，很好地诠释了这一主题。

图1-21

4.素材叠加

素材叠加就是将实物素材图像与带有肌理、材质的背景或图形进行叠加，来完成一则新的素材。这种方法十分适合一些贴近写实风格的设计。需要注意的是，在叠加时要注意将相关素材，例如人物、物品、商品等按照透视关系放置在相应的空间中。当然，背景需要用到的材质，例如地板、裂纹素材，也一定要按照透视的形式进行处理，否则很容易出现"两张皮"的结果，如图1-22所示。

图1-22

1.3.2 熟练掌握流行的设计工具

电商时代，电商视觉营销设计师这个职业越来越热门了，而且薪资可观。

尤其是刚刚毕业的大学生，对电商视觉营销设计师这个职业特别向往，那么电商视觉营销设计师必备软件有哪些？下面就一起来了解一下电商视觉营销设计师入职前需要会什么、懂什么、达到什么程度。

1. Photoshop

Photoshop（简称PS），如图1-23所示。

图1-23

电商视觉营销设计，主要的设计工作就是设计店铺的首页设计、产品详情页设计、店铺店招设计、钻展广告、主图推广广告、店铺专题页、PS切片等，这些设计工作必须用到Photoshop。

2. Dreamweaver

Dreamweaver（简称DW），如图1-24所示。

图1-24

做电商视觉营销设计为什么还需要掌握Dreamweaver？因为目前电商设计技术发展太快，我们的竞争对手太厉害，有些设计效果及视觉展示效果必须用Dreamweaver才能处理，我们不需要完全掌握Dreamweaver，掌握常用的制作表格、添加热点链接、修改图片尺寸的技能就行了。

3.店铺装修的辅助软件

现在做电商设计的人都知道，很多店铺没有购买模板，店铺效果却比买了模板的店铺还有吸引力，设计很随意、很个性，怎么做到的呢？这就要求我们多学习，多在网上查找一些店铺装修的工具软件，一些功能强大的工具软件，不仅可以生成代码，而且还有很多实用小功能。如图1-25所示，即为网上搜索的一款可用于天猫、淘宝平台店铺的装修辅助软件。这样的软件对电商设计师而言，是一种拓展自我能力的好帮手。

图1-25

1.3.3 掌握创造分享话题的5个基本技巧

为客户着想，就是指在设计工作中一切创意和设计工作都要围绕客户的基本要求来展开，而要做到真正为客户着想，就是要学会与客户分享。下面介绍创造分享话题的5个基本技巧。

1. 聆听

当我们与客户见面时，我们要尽可能地聆听客户的发言。听听他们是谁，他们所说的重点内容是什么，他们提到的重点参考案例是什么，等等。当双方的观点基本一致时，我们可以起草一份简洁的创意简介，将各项要点清晰列出。

2. 学会记录

设计师与客户的最终合作成果就是创意，所以作为设计师，我们首先要学会记录，将项目的创意简介认真记录下来。主要记录点可包括项目的实施背景、具体达到的目标、传达的主要信息内容及信息量、受众描述、费用预算、进度安排等。将这些基本的要点在与客户沟通的过程中认真记录下来，意味着双方对设计中所涉及的各种要求、目的、目标都达成一致，这样也为下一步的工作实施创建了可参照的原点坐标。

3. 项目描述

项目描述就是设计的基本概述，主要内容就是"设计师与客户要做的是什么"及"为什么要做此项设计"。这样客户与设计师就有了共同的、认可的设计目标。

4. 目标受众人群是哪些人

在案例设计的过程中，设计师使用或设计的某些图形元素，对于特定的受众人群来说象征意义可能十分明确，但对于其他人群来说，可能一无所知。因此，我们一定要清楚广告创意的目标受众是哪些人，切不可想当然地认为自己能理解别人也一定可以理解。最简单的做法就是让自己的同事或邻居现场"欣赏"一下并聆听他们的意见或改进建议。

5. 牢记客户叮嘱的要求

客户叮嘱的一些要求往往也是一些比较具体的要求。在与客户交流的过程中将这些"叮嘱"记录下来，可以使设计师与客户对作品的表现形式在交稿探讨时重点更加突出，避免在设计中因为遗忘这些琐碎的事情，而为最后工作的收尾增加额外的麻烦。

总之，作为设计师，提升自己的设计水平和工作能力很关键。一方面它可以让我们由初学者变成圈内人、由圈内人变成设计师、由设计师变成客户认可的品牌设计师。当然，另一方面我们也就有能力应对各种"高端、大气、上档次"的客户的要求了。

1.3.4 了解一些营销的常识

做一名电商视觉营销设计师，当然要了解一些与营销有关的知识和理论，本节内容，我们将一起分享用户实现最终购买需要经过的5个阶段，如图1-26所示。

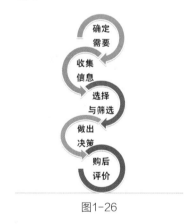

图1-26

1.3.5 了解一些常用的互联网常识

电商视觉营销设计本身就是互联网经济飞速发展的产物，所以，作为初学者，应该了解一些常用的互联网知识。例如，了解浏览器的使用特性和功能特点，我们就可以知道设计效果最终会以一种什么样的形式展示给浏览者；了解一些浏览者常用的互联网语言，就可以让我们的设计效果更加接地气；掌握一些常用工具软件的操作，就可以让我们获得视觉展示效果的手段更便捷。总之，作为电商视觉营销设计师，了解一些常用的互联网常识，对我们的设计工作将大有裨益。

1.3.6　了解一些构图的常识

构图，在视觉设计中是指画面的安排，确定画面内各个组成部分的相互关系，以便最终构成一个统一的画面整体。好的构图可以使设计主体鲜明、陪体到位。

一则优秀的视觉广告作品可以使浏览者的眼睛毫不犹豫地在第一时间里注意到我们要传达给他的广告主体，这就是因为设计师恰到好处地处理了广告主体要素的摆放位置。例如，在九宫格的各交点上安排主体，有掎角之势，易于对广告画面的各部分进行连接和呼应，而且各交点的位置接近于画幅边缘的黄金分割点，容易获得较好的视觉效果。但也不是固定不变的，主体的位置并没有什么死板的公式，而是以事物本身的特点及设计师的创作意图及浏览者的浏览习惯为转移的。

此外，作为陪体的事物的摆放也是很重要的，画面陪体的安排必须以突出主体为原则，不能喧宾夺主。陪体在设计画面中所占面积的多少、色调的安排、线条的走向等，都要与主体配合紧密，息息相关，不能游离于主体之外。

在本书的第2章，我们将一起分享更多关于构图的设计知识。

第 2 章

电商视觉营销设计的基础：
构图

 优秀的视觉设计，在上线之前，都离不
开高质量的构图设计，构图做得好，可以让
版面整体的视觉浏览更通畅，将设计师的设
计意图更准确地传递给用户，让版面的协调性、平衡性
更合理，进而避免很多无谓的返工和重复。本章将与大
家一起分享电商视觉营销设计的基础：构图。

2.1 电商视觉营销设计中的构图

电商视觉营销设计最终的目的是销售产品，实现流量的转化，所以，任何构图的目的都十分明确。

2.1.1 8种常规的构图方式

设计构图是为了营造更为良好的浏览体验，使浏览者获取页面视觉信息的通道更为顺畅。本节，我们将与大家一起分享电商视觉营销设计师必须知道的8种设计构图。

关键词：构图方式　构图技巧　异形构图

1.中心构图

特点：所谓中心构图，就是指设计师在设计版面的中心位置安排各个设计主元素，如图2-1所示。

图2-1

优点：就是将设计师需要展现的主要设计元素放置在版面的中心位置，故此可以很好地凝聚浏览者的视线。

不足：中心构图除了给人以稳定、庄重之感外，也容易导致画面设计效果呆板。

解决方案：设计师最好在设计中适当添加一些细节性的修饰，从而增加画面的变化。

案例解析：如图2-2所示，红色的存在增强了页面主要信息的可读性，将浏览者的视线很好地约束在一定的范围之内。

图2-2

2.三角形构图

特点：所谓三角形构图，就是指设计师在设计版面时，以3个视觉中心作为设计元素的主要位置，三点相互关联，构成视觉上的三角形，如图2-3所示。三角形可按多种形态来展现，如正三角形、倒三角形、斜三角形等。

图2-3

优点：三角形构图会使设计画面平衡而不失灵活，不呆板。

案例解析：如图2-4所示，促销文案、装饰图形构成视觉三角形，既保证了版面的平衡性，又从多维度展示了营销信息。

图2-4

3.黄金分割构图

特点：所谓黄金分割构图，就是指设计师在设计版面时，按照版面的较大部分与较小部分的比值等于整体与较大部分的比值（其比值为1.618∶1或1∶0.618）来设计版面的元素布局，如图2-5所示。

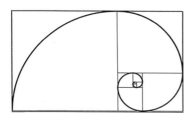

图2-5

优点：黄金分割具有严谨的比例性和科学性，在设计中被认为是最具审美意义的数字。

案例解析：如图2-6所示，在运用黄金分割比例的同时，设计师又通过色彩对比，很清晰地传达出产品的卖点和价格等主要信息。

图2-6

4.九宫格构图

特点：所谓九宫格构图，就是指设计师在设计版面时将版面用"井"字平均划分为9块的布局形式，在4个交叉点中选择1个或2个点作为画面显示的主要位置，如图2-7所示。

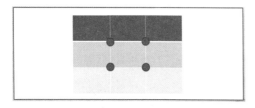

图2-7

优点：更容易呈现版面的变化与动感。

不足：九宫格式构图，在应用时需要考虑平衡、对比等因素。

解决方案：为了保证版面的平衡，同时又体现版面布局的变化性和动态性，设计师可在设

计中巧妙地借助模特的眼神、引导形状、色彩变化、渐变等来平衡设计的整体效果。

案例解析：在如图2-8所示的"井"字右上角位置，结合人物的眼睛朝向，将页面主要信息"新店开张"置于交叉点处，这样很容易实现目标视线的定位。

图2-8

5.框架式构图

特点：单个产品可以将产品的不同角度、款式以框架的方式进行展示；而对于多款产品，可以灵活地创建画中画的视觉效果，如图2-9所示。

图2-9

优点：可以更好地增加产品的信任感和可靠性。

案例解析：在如图2-10所示的"框架"中，直观地展示秒杀、疯抢的爆款产品，对于目标消费者而言，可以更为直接地看到自己喜爱的宝贝形态。

图2-10

6.几何切割式构图

几何切割式构图就是利用日常简单的三角形、正方形、长方形和圆形甚至几根线条组成多

种有趣的图形，同时，设计师巧妙地对画面切割而给页面带来动感和节奏感，使营销页面获得意想不到的效果。

几何切割式构图主要包括简单切割和组合切割。

1）简单切割

特点：构图方式对内容没有过多要求，设计师可自由安排。具体排版可根据内容来处理，是电商视觉营销设计中最普遍采用的一种构图方式，如图2-11所示。

图2-11

优点：用一个形状或者素材切分整个页面，营销画面瞬时变得有趣生动起来，内容区域得到有效划分，使得整体的页面信息错落有致。

案例解析：如图2-12所示，设计师通过使用简单的四边形分割方式，将营销需要表达的促销信息(5折起)清晰地凸显，使整个视觉效果显得大气而简单。

图2-12

2）组合切割

特点：版面信息集中而有规律地排列，能够从整体上抓住人们的视觉注意力，如图2-13所示。

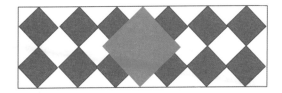

图2-13

优点：这种构图方式适合每个区块中的内容属于平级关系的广告，例如产品的若干个种类、功能和操作技巧等，都是属于同一级的内容，所占的比例也相同。为了突出某一项营销信息，也常使用对比的方式，重点突出某一项内容。用这种组合的排列能够保持各内容的关系，也能让布局更有创意。

案例解析：如图2-14所示，设计师通过运用组合式切割构图，将店铺需要销售的产品种类、颜色、促销方式及店铺二维码等营销信息很好地陈列出来，虽然信息量很大，但借助组合切割所组成的空间，使得设计效果很有次序。

图2-14

7.并置型

特点：将相同或不同的商品图片做大小、位置变化的重复排列，如图2-15所示。

图2-15

优点：并置构成的版面可以突出比较、选择的意味，给予原本复杂喧闹的版面以秩序、安静、调和与节奏感。

案例解析：如图2-16所示，产品通过位置的变化逐一排列，很好地展示产品的款式和色彩，同时文案与产品的颜色对比明显，使设计的整体效果既统一又富有变化，同时在产品四周的礼品，在不经意间增强了浏览者的购买欲望。

图2-16

8.对称式构图

特点：对称式构图可以给人稳定、理性的感受。对称主要包括绝对对称和相对对称。在电商视觉营销设计过程中为了避免画面过于严谨，一般采用相对对称手法，如图2-17所示。

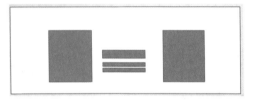

图2-17

优点：可以使得版面的视觉浏览更自然，整体性更明显。

案例解析：如图2-18所示，设计师将产品搭配细节与产品的整体效果采用对称式构图方式进行巧妙的组合，使得消费者既可以近距离了解产品的细节，又可以完整地感受到产品所带给用户的直观感受。蓝色文案的串联，使得画面的整体感更为突出。

图2-18

2.1.2 异形构图方式

异形构图是指除集合图形外的图形通过排列、组合、切割不同的方式所形成的构图方式，主要有放射、倾斜、随机组合3种具有代表性的异形构图方式。本节内容主要以放射式构图方式进行介绍。

特点：以主体产品为核心点，设计元素向四周扩散放射的构图形式，如图2-19所示。

图2-19

优点：可以更好地塑造营销信息存在的空间感和强烈的次序感。

案例解析：图2-20所示分别为天猫商城和微信扫码的营销海报。设计师以放射状的光线、产品的个性化陈列作为设计的基础，很好地将海报版面的空间感营造出来，强化了海报的视觉冲击力。

图2-20

2.1.3 电商视觉营销设计：设计思维拓展

对于电商视觉营销设计师来说，如何构图既是重中之重，也是硬伤之中的硬伤。很多初入电商设计行业的新人，面对构图都会产生一种无从下手的感觉。也许有人会说，不会构图，那就从模仿好的设计开始。的确，模仿也是一种进阶很快的方法，但是如何模仿呢？如何将模仿来的精华转换为自己的能力，提升自己的构图设计水平呢？本节内容将与大家一起分享电商设计师应该如何去构思自己的设计。

一首好听的歌曲，在某一时刻，尤其是在夜深人静的时候，总有一种旋律能打动我们，声音入耳，我们就会为之沉醉。作为电商构图设计思维的拓展干货，我们就从音乐开始研究吧。

1.打动人心的歌词

一首打动人心的歌词，总会让人觉得那首歌的歌词与自己的某种情境是那么相似，就像专门为你量身定制的一样，如图2-21所示。歌曲中所描述的主人公不就是"我"吗？歌词所叙述的文字不就是我的私人日记吗？如此思维，设计的文案与设计的主体形象想必已经在你的头脑中成形。你的设计构图在不经意间已经不再是高不可攀的山峰。同样的文字，你能因歌词而产生美妙的联想，恐怕此时你的设计已经与消费者心灵交融了。

图2-21

案例解析：如图2-22所示，设计师希望给浏览者清晰地传达产品"柔、暖"的特点，并没有简单地通过模特展示就告终，而是巧妙地将一筐棉花实物展现在我们的面前，此处无声胜有声，我们被产品的"柔、暖"而打动，且左右分割式的构图运用显得大气而自然。

图2-22

2.心灵的震撼

歌曲到达高潮部分，瞬间也会将我们带入高潮。每一首我们喜欢的歌，总有一两句，是能够让我们的心灵极受震撼的，而这种震撼是没有理由的，这种喜欢是无法自拔。电商设计也一样，试想，当消费者正在被你设计的营销画面吸引的时候，一个闪亮的元素、一句极具说服力的文案就那么突然地出现在他们面前，让他们瞬间无法自拔，那么我们的设计还会为缺少点击量而苦恼吗？这是必须的。如图2-23所示，冷冷的清秋与散落在长椅上的落叶，醒目的"清秋"与失落的玫瑰花，这样的场景足以让人为之伤感。

图2-23

案例解析：如图2-24所示，设计师要表现出产品的优雅之美，并没有通过美女本身来展现，而是以美女不经意的一个拨打电话的动作及清晰的拨键细节来展现产品的优雅之美。此外，留白的设计风格，凸显了品牌的定位，也让红色的品牌文案瞬间为浏览者所记忆。

图2-24

3.引人入胜使之回味无穷

一首好听的歌曲，即使在曲终，我们也总会不由自主地回味它带给我们的情感抚慰，总想知道歌手在唱这首歌的时候是什么样的心情。我们的电商视觉营销设计该怎么做呢？是什么让消费者回味无穷，记忆犹新？是颜色和版式，是文案的内涵，还是产品的卖点？如果你的产品是白富美，那么你的白富美情结传染给你的消费者了吗？如果你的产品是笼络屌丝的精神晚宴，那么他们会因此来赴宴吗？

我们来总结一下，一个好的设计需要带有哪些情感来打动消费者。

（1）要敢想敢做：首先需要有一个让人眼前一亮的版面构图，不管是哪一种形式，哪怕它只是一次简单的分割或组合，至少这样做，消费者关注的就是所设计的营销信息。

（2）打动人心的文案：能打动人心的文案，可不是像说顺口溜那样随便说说，一句好文案，有时候其作用比什么都重要，它是打开产品与消费者这把锁的钥匙，千万不能忽略，如图2-25所示。

作为新人，我们不要总是抱怨，如果没有好的文案，就要想想：我们的设计真的能打动人吗？

图2-25

（3）选用恰当的颜色：让颜色与设计相融合，让颜色将我们的设计情感、产品情感传递给消费者。

如图2-26所示，清丽的画面，自然的世界，产品的红色在此时醒目而自然，就像一缕清新的风悄悄吹来，四周的绿草和花朵遥相呼应。色彩相当重要，选择什么颜色，要考虑产品想表现一种什

么样的情境，需要用什么颜色衬托出这种情境，而不是随便选择一种颜色敷衍了事。

图2-26

（4）要有一个点亮消费者心灵的元素，因为有这个元素，所以视觉设计才完美。它看起来不重要，但是没有它，视觉设计就不完美。它是设计师需要重点点缀的核心，是消费者最想得到的消费指南针。如图2-27所示，一个简单的红色指引标示，直接明了地指引了消费者的行为动向。

图2-27

（5）学会思考。我们在设计之前，需要做的思考，也是一种思维拓展方法。我们在拿到一个产品时，首先必须先了解这个产品，它代表的是哪些人？哪个层次的消费者，他们所从事的职业是什么？他们对产品的情感是怎样的？他们都喜欢什么颜色？喜欢什么样的元素？大概了解了这些之后，我们再来设计所需要的页面。

2.2 掌握电商视觉营销设计的 5 个构图技巧

1.对称与平衡

对称与平衡，通俗地讲是均衡的形态设计让人产生视觉与心理上的完美、宁静、和谐之感，

对称与平衡互相依存、互相发展。设计中的对称与平衡是视觉设计形成美感的重要方法。在设计构图中，设计师通过文字、版式、图形、动画等有规律的排列，就可形成对称与平衡。

电商视觉营销设计要依据浏览者的生理、心理特征，运用对称与平衡法则，产生鲜明、形式独特的视觉效果。在电商视觉营销设计中形成对称与平衡，这就要求我们处理好点、线、面、空白之间的关系。使用点、线、面互相衬托、互相补充以构成最佳的页面效果。

电商视觉营销设计中的图形、图像、文案等通过疏密、大小、方向、重叠、虚实、光影等的变化可产生其自身的对称与平衡，能让浏览者引起视觉兴奋并获得心理上的满足。如图2-28所示，京东商城的这款海报设计通过图形与文字重叠，图像与群组化的文字合理排列，使得整体版面对称与平衡。

图2-28

2.重复与群化

重复构成这种形式在电商视觉营销设计中经常使用，比如产品海报的背景图案、店铺页面的装饰花纹等。重复构成是两个以上的基本形式重复出现在画面上的一种构成形式，将设计需要的各种元素秩序化、整齐化，让页面显得富有节奏感和统一感。重复分为相对重复构成和绝对重复构成。绝对重复构成是指构成视觉页面的每个单元完全相等，每个单元形状基本相同，但结构可以多变。相对重复构成是指构成视觉页面的每个单元在色彩、大小、方向、细节等方面可以做出改变，框架结构相对灵活。

群化组合，是对电商视觉营销设计中的各种

要素之间关系的组织处理，它包括两个以上要素在形态上的组合，例如连接、重叠等；有视觉强度上的组合，例如对称、均衡等。

在电商视觉营销设计中，各种设计要素之间由于色调、大小等因素，在视觉上相互之间会产生接近或分离，进而形成一组群体或板块，这样的群化我们称之为层次。层次的存在会使得页面中的色彩、肌理更具表现力。如图2-29所示，右侧的信息模块运用色彩对比、阴影等设计技巧，与左侧的产品质感外观显得十分自然和谐。

图2-29

3.节奏与韵律

节奏是周期性、规律性的运动形式。事物在运动过程中有规律地反复会形成节奏。音乐靠节拍体现节奏，视觉设计通过线条、形状和色彩体现节奏。节奏在视觉信息表达中呈现一种秩序美。反之，没有节奏的版面就会显得沉闷。浏览者在"扫描"店铺广告信息时，一般是由左到右、由上到下、由题目到正文的一种形式，如果设计师设计版面时在标题、图片、文案、装饰物上有所变化，在视觉上串成串儿，就会形成一种节奏感。有规律的节奏经过扩展和变化所产生的流动的美，就是韵律。在实际应用中，合理地排列营销信息的长、短、稀、疏，就会产生如音乐一样的节拍美以及如诗词一般的抑、扬、顿、挫的韵律。如图2-30所示，某店铺的手机移动端店铺，在设计产品陈列页面时，设计师通过巧妙地运用"左、右"，使得店铺整体既通透又富有一定的节奏变化。

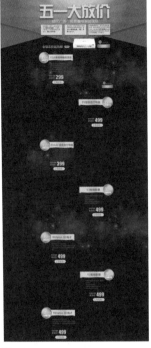

图2-30

4.对比与调和

对比又称对照，把反差很大的两个视觉要素成功地配列于一起，使人体验到鲜明强烈的感触，而仍具有统一感，它能使主题更加鲜明，视觉效果更加活跃。电商视觉营销设计中的对比关系主要通过视觉形象相互间色调的明暗、色彩的饱和与不饱和，形状的大小、粗细、长短、曲直、高矮、凹凸、宽窄，方向的垂直、水平、倾斜，数量的多少，排列的疏密，位置的上下、左右、高低、远近，形态的虚实、黑白、动静等多方面的对立因素来体现。在实际的设计应用中，画面缺少对比效果，就缺少活力，就不能在视觉上抓住浏览者的视线。在一个版面上运用对比手法，应首先以某一设计元素为主，形成对比的冲突点，进而形成画龙点睛之笔。

调和，首先是指版面中占绝对优势的某种视觉元素统领全局，使对比性元素位于从属地位。其次是指在互相对应的元素中寻找"妥协"点，使二者的矛盾冲突得以缓和，获得新的平衡，取

得调和效果。如图2-31所示，该店铺的整体风格以古朴、自然为主，在实际表现中，设计师巧妙地借用红色和绿色，使得卖家需要展现的产品格调与促销信息与店铺整体风格遥相呼应。

图2-31

5.比例与尺度

比例体现各事物之间长度与面积、部分与部分、部分与整体间的数量比值。对于电商视觉营销设计来讲，比例也就是店铺版面各部分尺寸之间的对比关系。例如，产品海报中的留白面积与产品展示整体长度的关系，对比的数值关系达到了美的统一和协调，被称为比例美。

部分与部分，部分与整体，整体的纵向与横向等相互之间的尺寸数量间的变化对照，都存在着比例。适度的尺寸数量的变化可以产生美感。电商视觉营销设计中常用的"黄金比例"是比较典型的一种版面分割比例，亦称黄金分割率，它的比值约为1.618：1或1：0.618，被设计师认为是最美、最协调的比例，尤其在工艺品营销和展示设计中更容易引起美感和共鸣。如图2-32所示，左侧的留白与右侧的产品借助于版面的黄金分割，使产品显得十分大气而奢华。

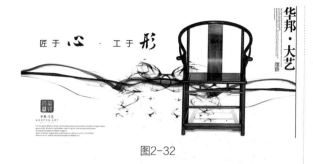

图2-32

2.3 掌握电商视觉营销设计的核心：优秀的版式会说话

2.3.1 电商视觉营销设计中的点、线、面

点、线、面是设计的基础，在电商视觉营销设计中，恰当地使用这些元素不仅会增强页面信息传达的舒适性，而且还会丰富页面的表现形式，从而为浏览者留下更好的视觉印象。本节，我们将一起了解电商视觉营销设计中的点、线、面。

1.点元素

点元素是一种具有大小、形状及位置的抽象性构成元素，因此，在电商视觉营销设计中，我们不应把点仅仅理解为传统思维中的点，而一个字符、一个词组、一个花朵、一个标签、一个按钮、一个色块等页面元素均可以视作一个点。

点元素在信息表现中的级别是最弱小的，但是它通过巧妙地与其所具有的相关属性相关联，也可在电商视觉营销设计中营造出不一样的视觉美感。例如，我们可以在页面中通过为按钮添加特定的颜色，使其成为吸引浏览者点击的焦点区域，通过为文字符号设计不一样的视觉效果，让文字所传达的情感更丰富，通过为页面添加大小不一的点元素，使得页面的视觉效果更华丽。

如图2-33所示，通过在牛肉的旁边添加一"点"鲜绿的树叶，使牛肉的健康感和新鲜感及产品所传达给浏览者的信任感增强了很多。

图2-33

2.线元素

线是点的延伸，它也是设计构成中的一种抽象性构成元素，点在电商视觉营销设计中有很多表现形式，所以我们可以这样理解线：有什么样的点元素，就可形成什么样的线。就像画家作画一样，需要绘制什么元素就选择什么样的笔触。当然也不是绝对的，我们也要结合设计的实际需要灵活更改线元素的一些属性，例如线的粗细、虚实、色彩等，使得线的视觉表现形式更丰富、效果更华丽。

线在信息表现中的级别强于点，所以，我们可以通过线本身所具有的延伸性来设计页面信息的视觉引导，也可以结合线元素本身所具有的特性来传达页面的情感。例如，我们可以使用直线来凸显页面布局的平稳性，从而给人以可信性和可靠性；利用曲线来表现页面柔美度、自由度和流动性，从而给人以优雅、时尚和轻松的感觉。

如图2-34所示，浏览者在华丽的光线的引导下，很自然地创建了约束浏览者视线的轮廓，无形中将视线转移到营销主体上。

图2-34

3. 面元素

在几何学中，面是线移动的轨迹，当然也

可视作放大以后的点，因而面具有长度、宽度，但无厚度。在信息设计中，面的表现力是最强大的。由于点和线的形式多样，所以面的类型基本可分为几何形面和不规则形面。在电商视觉营销设计中，我们可以通过面的面积大小、位置变换、层叠关系等来增强页面的表现感染力。如图2-35所示，通过改变面的放置角度，使得画面的空间感十分明显，同时三个黄色标签在纵深方向上的叠加，很自然地引导了浏览者的视线移动。

图2-35

2.3.2 点的张力

在上一小节中，我们说，在电商视觉营销设计中，一个字符、一个词组、一个花朵、一个标签、一个按钮、一个色块等页面元素均可视作一个点，但是当这些点产生重复、大小变化时，点的张力就会显得十分明显。例如，点按照一定的方向重复会形成线；小的点受到外力变大时就会形成面，而面以后的点，在视觉表现上会显得更有力量。如图2-36所示，作为产品的鞋子，我们本可以将其视为一个特殊的点元素，但是设计师为了营销展示的需要，将鞋子进行放大处理，使得版面的鞋子表现效果十分具有冲击力。

图2-36

此外，在电商店铺设计中，我们也经常发

现，设计师为了创建更为流畅的浏览体验，通常将产品按照一定的位置进行陈列，如图2-37所示，使得店铺产品的陈列在整体上形成一条柔美的曲线效果。

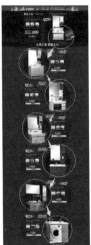

图2-37

2.3.3 线的自如

不同类型的线具有不同的性格，表现不一样的视觉效果。长短不一的线会给人一种节奏感，粗细不同的线会给人以强劲和纤弱的感觉。如图2-38所示，单一的直线可以直接地暗示出力的轨迹和持续时间，就像火车的铁轨，火车（力）的方向就沿着铁轨的方向。如果是折线和曲线，尽管也可以暗示出力的方向，但力的快慢程度有所不同，折线表现的力明显快于曲线表现的力。

图2-38

此外，线的质感不同，也会表现出不一样的视觉效果。喷溅的水花，给人以动感和清凉的感觉，而盘绕在一起的藤蔓，则可以表现出强劲的凝聚力和向心力；如图2-39所示，轻盈的曲线花纹，则可以展现出自然的时尚与自然的华丽。

图2-39

2.3.4 面的整体感

面是二次元的形，在电商视觉营销设计中，面总会以形的特征出现，几何的点、线的扩张会形成几何的面，自由的点和线的扩张会形成不规则的形。所以，放大以后的点或延伸以后的线通过不同的分割、交叉会产生各种比例的平面空间，这种平面空间应用在电商视觉营销设计中具有平衡、丰富空间层次、烘托、深化主题的作用。如图2-40所示，原本挂在空中的月亮，现在离我们这么近，变得这么大，瞬间让我们感受到中秋圆圆的月亮带给我们的思乡之情。

图2-40

2.4 构图与浏览体验

电商视觉营销设计，最终的目的是实现营销的目的，所以在具体设计中，所有的构图、所有的设计都应该围绕这个主题来展开。

1.构图与营销的矛盾：多与少

有研究表明，广告版面中需要浏览者记忆的对象越少、越简单就越容易被人记住。所以，我们在设计电商广告作品时，应尽量减少需要浏览

者记忆的数量。而实际上我们自己在浏览店铺页面时，也并不是认认真真地在阅读版面的内容，而是在匆忙地"浏览"，因此减少画面中需要浏览者记忆的材料数量这一策略就显得十分重要。实践表明，少于8个字的广告标题，消费者的记忆率为34%，而10个字以上的长标题，消费者的记忆率仅为13%。

但在实际运营过程中，我们也遇到过一些客户，要求我们在设计活动促销海报时尽可能多地展示需要销售的产品，因为他们始终觉得既然报名参加电商平台的促销活动了，也花了不少钱，就应尽可能多地展示他们的产品，增加店铺的曝光量，但殊不知消费者的眼睛是不买单的，眼睛瞬间看到的营销信息是有限的。如图2-41所示，两张营销海报，假设您是消费者，您会觉得哪家店铺的产品信息更容易记忆？

图2-41

2.构图与营销的矛盾：疏与密

店铺掌柜满脑子想的都是如何要求设计师在营销活动的产品页面中尽可能多地展示产品信息，这样一来，页面的信息量自然就会加大，页面的信息通透度就会降低。而实际上，我们需要展示给消费者的产品越有灵气，越有自由度，消费者就越觉得产品有档次和品位。页面海报中的产品信息密密麻麻，难道您的营销是在考验浏览

者的耐心吗？您在和浏览者玩躲猫猫的游戏吗？要知道消费者离开我们的店铺，仅仅是动动手，点一下鼠标而已！

做一个简单的实验，如图2-42所示，您在3秒之内发现凉鞋的时尚之处在哪里了吗？在5秒之内发现商家所说的精品"精"在何处了吗？

图2-42

3.构图与浏览体验

顾客基本上都是匆忙地浏览店铺页面，因此在电商视觉营销设计中，如何设计符合浏览者视觉浏览习惯的信息传达次序，应该是我们必须知晓的一种常用策略。

人们阅读信息的基本习惯为从左到右、从上到下，所以我们在设计广告版面信息时，也应该按照浏览者的这一基本浏览习惯设置广告信息的存放位置，这样可以保证浏览者浏览视线的顺畅。如果在设计中需要运用模特，那么模特的一个眼神、一个手势、一个动作，都可以很好地引导浏览者视线的移动。此外，我们还可以将需要重点强调的信息运用大小变化、色彩对比等技巧进行突出表现，从而增强画面表达的主题。如图2-43所示，模特的眼神，可以无形中指引浏览者将视线停留在产品的营销信息上。

图2-43

4.构图与营销的矛盾：主与次

作为电商卖家，我们总是希望浏览者在"扫

描"页面信息的时候首先注意到我们希望传达的主要信息，然后依次浏览信息。如果我们的设计效果不能在极短的时间内让浏览者轻松地发现设计的主题，重要的信息点，他们就会变得茫然，进而对我们的营销信息失去"兴趣"。

所以，在电商视觉营销设计中，要将设计表现得主次分明，信息的模块化处理就是一种十分有效的方法。信息的模块化处理是指信息内容整体组合，以整体方式呈现设计效果。

认真分析设计需求，建立视觉营销信息的呈现层次，明确哪些是视觉凸显的内容，哪些是从属、补充的内容。

对于同一层次的内容，在文案字号的大小，图形、图像的位置、大小、方向上统一模块化规划，使其形成一致的视觉形态，以整体的面貌呈现。

如图2-44所示，设计师借助留白的方式，清晰醒目地为消费者传达了卖家的性质，即一家专门销售箱包类的店铺，然后通过合理地陈列产品，让消费者迅速了解产品的颜色和款式。

图2-44

第 3 章

电商设计师要学会"约会"素材

　　再亮眼的电商视觉营销设计效果，都必须要依靠合理而恰当的素材，毫不夸张地说，优秀的视觉版面，一半是设计师思维的功劳，另一半是优质素材的功劳。所以，要想成为一名出色的电商设计师，就要学会"约会"素材、抓住素材的"芳心"，让用户更"花心"。本章将与大家一起分享如何"约会"素材。

3.1 好素材需要自己行动

在电商视觉营销设计中，好的素材主要包括以下3种。

（1）摄影师为完成某次视觉设计而专门拍摄的优质素材。这种素材往往需要设计师与摄影师提前做好必要的沟通，最大限度地减少后期设计师调整素材的工作量。

（2）购买素材。这种素材往往需要按照设计的需要，登录相关的素材销售网站精挑细选。

（3）使用免费素材。这种素材非常适合新入门的"小白"进行练习使用，一方面可以登录提供免费素材的网站筛选素材；另一方面可以借助搜索引擎的力量搜索满足设计条件的素材。本节，我们重点与大家分享如何使用免费素材。

3.1.1 图片质量高的网站

要找到好的图片，就要平时多收藏一些好的网站。优秀的图像素材，一般都有版权，尤其是应用于商业场合更要注意。但是，如果仅仅是用于学习和个人欣赏的图像素材，属于合理使用。下面与大家一起分享几个常用的图片网站，如表3-1所示。

表3-1　常用图片网站

网站名称	说明
昵图网	提供各类素材，包括图库、图片、摄影、设计、矢量、PSD、AI、CDR、EPS、图片下载、共享图库等
千图网	为用户提供永久免费的下载服务
素材天下	图片数量庞大，会定期整理各种结合热点和关键词的分类搜索
花瓣	全部素材由网友整合分享，可以找到各种图片集合
Behance	世界著名的设计社区，创意设计人士可以展示自己的作品，发现别人分享的创意作品
1x	创意摄影，有很多大图，找灵感的同时还能将图像当素材使用

3.1.2 设计技巧分享：好图像引导好流量

好的素材会说话，好的素材会讲故事，它可以悄无声息地将设计师需要传达的信息传递给消费者。

（1）透视：就是关注与画者眼睛平行的水平线。常见的海平线、地平线都是视平线所在。商品、模特在拍摄的时候就确定它的视平线，当把商品摆放在一个背景图中时，要保证商品的视平线与背景图的视平线保持一致，商品的融入才会更融洽。所以合成前需先找到商品的视平线，然后匹配背景图片。商品的透视、背景的透视以及搭配小元素的透视在一个场景中都必须统一，才会达到更加逼真的视觉效果。

（2）距离：微距、中景、远景，选择素材时画面背景必须和产品相结合。微距拍摄的图片细节丰富、纹理清晰、色彩饱和度高、光影细腻；中景拍摄的图片细节相对较少，但有明显的光影方向；远景只有大概的轮廓，没有什么细节，光影方向不明确。场景中需要有近景、中景、远景，一般商品摆放在中景的位置，在选择素材时应选择合适比例和统一透视的素材，不统一的素材也可以后期处理，但是经过处理的素材总是没有原始素材的真实感强，或多或少会出现一些瑕疵，同时打造场景不仅是为了炫酷的视觉效果，更是要通过场景体现商品的某个特性以及卖点，所以素材的风格属性也必须与商品的属性结合。

（3）展示产品的属性和功效。

（4）营造消费场景。

（5）注重光与层次。

3.1.3 如何使用图片搜索引擎

好图片可以传达情感，这是大家的共识，但是很多时候，作为我们初入职场的"新手"来说却不知道去哪里"约会"好图片。本节内容我们将一起分享约会"好"图片素材的解决方案。

1.用好百度的识图技术

如果电商视觉营销设计师希望"借用"一些成功案例中的图片构图，但是不知道它的具体出处，此时，我们可借助截图软件（如腾讯QQ软件的截图功能），然后登录网站，单击"百度一下"按钮左边的照相机图标，如图3-1所示。

图3-1

然后可以看到图片搜索界面，这时候可以直接拖一个图片到该框中，也可以从本地上传，在此单击"从本地上传"按钮，如图3-2所示。

图3-2

如果对图像素材的清晰度有要求，还可以在搜索结果出现后，单击"图片筛选"按钮，然后按照要求确定所需要的图像的质量，即可快速搜索到符合要求的图像。

2.逆向图像搜索引擎网站

TinEye网站是典型的以图找图搜索引擎，如图3-3所示，输入本地硬盘上的图片或者输入图片网址，即可自动帮你搜索相似图片，搜索准确度相对来说还比较令人满意。

图3-3

TinEye网站是加拿大Idée公司研发的相似图片搜索引擎，用户可以提交或上传一个图片，TinEye网站找出它来自何处，如何被使用，或寻找更高分辨率的版本。TinEye网站是第一个在网络上的图像搜索引擎，它使用图像识别技术，而不是关键字，或其他数据。TinEye网站主要用途有以下5项。

（1）发现图片的来源与相关信息。

（2）研究追踪图片信息在互联网的传播。

（3）找到高分辨率版本的图片。

（4）找到有你照片的网页。

（5）查看目标图片有哪些不同版本。

3.基于色彩和形状上的相似性搜索

Incogna网站的搜索速度非常快，如图3-4所示，主要是基于色彩和形状上的相似性。用户打开网站，单击下方任何一幅图像，即可找到类似的图片，此外也支持用户直接输入URL地址进行搜索。

图3-4

3.1.4 好图像也需要好标题

俗话说"人配衣裳马配鞍"，所以好的图像也要有好的标题，这样信息传递才更加精确。我们不能用自己的思维去代替消费者的思考，想当然地认为"这么简单的意思"谁不理解。

（1）好的标题是设计师对消费者正确理解图像内容的引导。

（2）好的标题是增加视觉信息传达的力量。

（3）好的标题是吸引用户马上做出行动的助推剂。

3.2 "约会"素材，必须掌握 **4** 种抠图技巧

抠图是设计师必须掌握的一项基本技巧。但同时作者也提醒大家，不要为了炫耀技术而抠图，实在不行就赶紧"调转马头"另寻一些其他的设计素材，毕竟产品上线的时间是不等人的。本节内容将与大家一起分享电商视觉营销设计中抠图常用的4种方法。

3.2.1 用好磁性套索工具精细化抠取单色背景的图像

电商视觉营销设计中所需要的产品图像在前期拍摄时大多会选择单背景色作为拍摄背景，以便于后期图像的抠取。对于单色背景的产品抠取，建议使用魔棒工具。魔棒工具可以快速地选择大面积颜色相近或相同的颜色。而抠图精细度可通过其选项栏中的"容差"选项来控制选择的范围。

由于魔棒工具是基于颜色进行快速选择对象，故此它适合抠取色彩单一、简单及要求不高的图像。

具体操作步骤如下。

步骤/01 选择菜单中的"文件"｜"打开"命令，打开素材图像（素材\第3章\魔棒抠图.png），可以发现产品的背景色为白色，产品色为黄色，两种色彩反差较大且色彩单一，如图3-5所示。

步骤/02 选择工具箱中的魔棒工具，在选项栏中设置合理的容差值。在此设置为32像素。然后使用鼠标在白色背景上单击。

步骤/03 按Ctrl+Shift+I组合键，反选对象。选择菜单中的"窗口"｜"图层"命令，打开"图层"面板，单击"添加图层蒙版"按钮，即可将"包包"抠取出来，如图3-6所示。

图3-5　　　　　　　图3-6

步骤/04 将素材图像移动至设计文档中，添加相应的商品类型、价格、促销措施等信息，即可完成发布产品的设计，如图3-7所示。

图3-7

3.2.2 借助钢笔工具实现精准化抠图

设计高质量的淘宝界面对图像抠取的质量要求比较高，否则抠取的图像出现毛边、白边，就会给浏览者一种"很假"（不真实）的感觉。使用钢笔工具进行抠图不用担心毛边或锯齿现象的产生，钢笔工具结合添加锚点、删除锚点、转换点等功能，可以精准勾勒出需要抠取对象的边缘。

具体操作步骤如下。

步骤/01 选择菜单中的"文件"｜"打开"命令，打开素材图像（素材\第3章\啤酒杯.png），可以发现啤酒杯的背景光在拍摄时做得比较到位，

如图3-8所示。这样，将节省后期修图和调图的时间。本案例将用于画册印刷，因此可考虑使用钢笔工具进行精细化抠图。

步骤/02 要进行精细化抠图，可双击缩放工具，使素材图像按照100%的比例进行显示，这样可以观察到更多的图像细节。

步骤/03 选择工具箱中的钢笔工具，沿啤酒杯的边缘切线方向拖动鼠标，到达啤酒杯有曲线弧度的位置时需再次单击鼠标。

步骤/04 此时，可以发现所绘制的路径位于啤酒杯的内侧，如图3-9所示。按住Ctrl键，拖动锚点，即可实现路径与啤酒杯边缘相吻合，如图3-10所示。如果按住Alt键，拖动锚点，可调整路径的弧线平滑度。

图3-8	图3-9	图3-10

步骤/05 到达啤酒杯边缘的直线部分时，直接单击鼠标即可，此时无须拖动鼠标即可创建比较平滑的路径。

步骤/06 特别要注意直线路径和曲线路径的交接之处，一定要细心处理好。这需要切实配合Ctrl键或Alt键进行调整。

步骤/07 为了保证曲线的平滑度，建议大家尽量少使用添加锚点工具。

步骤/08 啤酒杯的路径绘制完成后，按Ctrl+Enter组合键，即可将路径载入为选区，如图3-11所示。为了确保抠取图像边缘不出现多余的白边，选择菜单中的"选择"|"修改"|"收缩"命令，将选区向内收缩1像素，如图3-12所示。

图3-11	图3-12

步骤/09 选择菜单中的"窗口"|"图层"命令，打开"图层"面板，为选区添加图层蒙版，即可完成图像的抠取。

步骤/10 使用套索工具绘制一个选区，选择菜单中的"选择"|"修改"|"羽化"命令，将选区进行适当的羽化，如图3-13所示。

步骤/11 选择菜单中的"窗口"|"图层"命令，打开"图层"面板，创建曲线调整图层，改善啤酒杯的明暗对比，如图3-14所示。

图3-13	图3-14

步骤/12 使用移动工具将素材图像移动至画册的设计文档中，调整大小及位置。添加文案内容后完成最终效果的制作，如图3-15所示。

图3-15

3.2.3 通道抠图法

淘宝店面设计中经常要抠取素材，以便制作符合要求的广告效果。下面将与大家一起体验借助Alpha通道抠取女模特。

具体操作步骤如下。

步骤/01 执行"文件"｜"打开"命令，打开素材图像（素材\第3章\通道抠图.jpg），如图3-16所示。

步骤/02 选择菜单中的"窗口"｜"图层"命令，打开"图层"面板，双击"背景"图层，转换为"图层0"图层，然后拖曳至"新建图层"按钮上，释放鼠标创建一个"图层0副本"图层，如图3-17所示。创建图层副本的目的，是为了保持原始素材文件的完整性。选中"图层0副本"图层，使用工具箱中的磁性套索工具绘制选区，如图3-18所示。

图3-16　　　　　　　图3-17

图3-18

步骤/03 选择菜单中的"窗口"｜"通道"命令，打开"通道"面板，选择明暗反差较大的通道进行复制，如图3-19所示。这样做的目的是更加方便地创建选区。由于该素材的"红"通道比其他通道明暗差大，所以拖曳"红"通道

至"通道"面板底部的"创建新通道"按钮上，以"红"通道的副本作为临时性调整通道。具体效果如图3-20所示。

图3-19　　　　　　　图3-20

步骤/04 选中"红副本"图层，选择菜单中的"图像"｜"调整"｜"色阶"命令，在弹出的"色阶"对话框中，拖动滑块分别调整中间调、暗调和高光部分，如图3-21所示，使头发和背景分开，如图3-22所示。

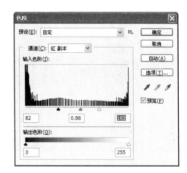

图3-21

图3-22

步骤/05 为了创建更为完整的选区，选择工具箱中的加深工具，在头发边缘部分进行涂抹，如图3-23所示。单击"通道"面板底部的"将通道作为选区载入"按钮，创建选区，如图3-24所示。

图3-23

图3-24

步骤/06 返回到"图层"面板，选中"图层0副本"图层，单击该面板底部的"添加蒙版"按扭，为选区添加图层蒙版。最终抠取完成后的图像效果如图3-25所示。

图3-25

3.2.4 使用其他插件抠图

除了使用Photoshop自身所具有的抠图功能外，还可以使用外挂插件——"信捷抠图"，这款抠图工具操作简单、实用。合理利用这样的插件有利于提高制作效率。

具体操作步骤如下。

步骤/01 启动信捷抠图，单击左侧面板中的"导入照片"按钮，导入要进行抠取的图像文件。

步骤/02 接着单击左侧面板中的"拾取背景色"按钮 ，单击图像中要抠取的颜色，即可拾取抠取色样，如图3-26所示。

图3-26

步骤/03 完成取样后，单击"抠图"按钮，即可开始抠取图像。处理完成后，系统将提示选择保存所抠取图像的位置，保存格式即为Photoshop默认的PSD格式，如图3-27所示。

图3-27

步骤/04 抠图完成后，启动Photoshop软件，打开保存的抠取图像，为图像追加蒙版效果。利用前面所学习的涂抹方法，在蒙版中用黑色将多余背景部分遮挡，从而使图像更加细化，如图3-28所示。

图3-28

因此，抠取比较复杂的图像就容易实现了，希望用户多加练习，做出更加精美的效果。

 3.3 "赢销"：电商视觉营销设计技巧

3.3.1 用谈恋爱的心态才能做"好"设计

有人说，做营销就像找女朋友，你要知道她想什么，才能给她什么。

视觉营销，即是把一个产品通过整理、美化，包装成为理想中的状态，比如把单价为100元的产品包装出500元的感觉，通过设计，让产品传播成本的有效性加大，刺激消费者的消费欲，点击并消费，就是视觉营销需要完成的事情。

首先要思考清楚逻辑关系，哪个是你要的"妞"（主题是什么），"妞"的性格（产品是什么），"妞"身处的生活环境（放置的位置是哪里），结合以上三个维度的元素，展开我们的谈恋爱大行动（视觉营销）。

1.定位——找准目标下手

方法可能有千万个，可我们需要的是一个能围绕消费者核心思维的主题。

每个活动都会有很多想要表达的信息，仓促地把所有的信息都展现出来，最后只徒增消费者的视觉疲倦感，导致跳失率增大。因此，我们需要针对不同的人群来敲定图片主题，再围绕主题展开设计，对应该促销的做促销氛围、对讲究色调的做意境，作图目标必须要明确。

2."妞"的性格——营销视觉要坚持做减法

捉不住消费者的眼球，再好的产品也只是"独守空房"。减法不是减少，而是恰到好处，如今是互联网的年代，每天都有大量的信息冲击人们的视线，用户是很懒的，我们要减轻他们思考的必要。

根据大数据分析，电商浏览量最大的时间段集中在早上上班的时间，最大的消费人群都在紧张的氛围里购物，两者因素交叉的条件下，消费者是无法清晰接收并解析海量信息的，要捉住人的注意力，唤醒消费者的注意力，采用简洁而有新意的图片，才能唤醒消费者的注意力，从而增加顾客的停留时间，留住消费者。

如图3-29所示，只用简单直接的文字突出卖点，以价格的优势拉住顾客，继而以副标题增加消费者的信息，干净利落，每个点都不带一丝拖拉。让消费者用0.3秒读出"XX价格你就拥有一台XX"，这才是一张优秀推广图的必备要素。

图3-29

3. "妞"身处的生活环境——感化它

营销除了突出产品的优势外，更重要的是让消费者与产品产生共鸣，如图3-30所示。

图3-30

谈论"妞"的生活环境不是说产品的归属地，而是用氛围的力量影响"妞"的判断力，有时候不是我们本身不够好，而是所处的场景不适合，没有起到渲染气氛的作用，没有让"妞"对我们产生兴趣，即放任消费者在独立的空间里，没有令宝贝与消费者从视觉到心灵产生连接。没有产生共鸣感，谈何深入接触呢？

如何能让消费者对产品产生共鸣，就是在运用日常的事物增加消费者的想象力，让图片自己说话，运用色调、图形、促销文案营造紧张的气氛，或者是加大活动力度，或者是降低消费顾虑。例如，红色、黄色的色调带给人的生活印象就是过年、热闹、土豪等，当大家提起热闹、喜庆时，都能说出红、黄等色调。能够运用引发消费者想象力的视觉符号，可以为我们的营销增分，不止如此，还有按钮、箭头等引导图标可用，要善于观察，一切来源于生活的，皆可运用。

4. 加强行动

有句话说得好，没有追不到的女朋友，只有不努力的男人。如图3-31所示为两张直通车推广图，以促销为主题作为我们的目标人物，开始布局。

图3-31

做促销主题的图片时需要注意以下两点。

1）营造氛围

促销氛围可以通过色调、元素来体现。在色调上，左图的主色调为红色，黑色、黄色为辅助色，是常见的促销颜色，富有视觉冲击感，容易吸引视线。产品与背景的色彩的对比度也十分显眼；而右图背景和促销文案都是用绿色，辨识度低，颜色比较柔和，缺乏冲击力；在元素上，左图着眼于文案和促销元素的表现，秒杀按钮、礼炮碎纸等，营造出大促和紧张的氛围，而右图则是一句干瘪瘪的促销文案，瞬间就弱爆了！

2）层次感

层次感就是为了让重要信息突出，让用户第一时间看到我们想让他看到的内容。左图的价格文案通过色彩、投影的变化，增加立体效果，让消费者第一时间掌握产品卖点——9.9元，这一富有市场竞争力的价格信息，不仅文字排版紧凑，而且字体的大小层次富有节奏感，营销元素的引导也很清晰；而右图，无论是色彩还是字体排版层次都比较单一，信息不突出。

3.3.2 做"好"视觉营销，创造视觉焦点很关键

做"好"视觉营销，创造视觉焦点很关键。具体来说，我们需要注意3点，即突出视觉焦点、展示吸引用户的信息和对用户的视觉进行引导。

1.突出视觉焦点

用户浏览店铺都以秒甚至微妙计算，如果视觉焦点不够突出，就很难入用户"法眼"，推广的广告费就浪费了。现在国内的电商网站，首屏放置的主要就是店铺导航和Banner广告。因此，如果要清楚地区分这两者，而又不影响用户对推广内容的第一眼捕捉，就一定要处理好Banner和导航的色彩问题。例如，我们可以借助色彩对比的方法，试着把首屏图设计为一种素雅、清亮的风格，而将导航的文字色彩及背景色采用饱和度较高的色彩，这样导航的文字就会变得清晰，同时，首屏图借助面积大的优势，也可以很好地锁定用户的视觉焦点。如图3-32所示的某女装店铺，商家采用明显的色彩对比，使得顶部的导航与页面的焦点图都十分清晰。

图3-32

2.展示吸引用户的信息

首屏推广的位置很宝贵，因此，无论是放文字，还是图片，都应该与推广的最终目的相吻合。文字要简练，标题也要简练短小。当然，单纯靠文案清晰而生动地表达营销的意图和主旨有时也是比较困难的。此时，就要发挥图片的衬托作用，可不要小看此时的衬托，有时候就是因为这一衬托，就可以起到画龙点睛的作用，让整体效果瞬间丰富、清晰起来，这样才不浪费这个最好的推广位置。如图3-33所示，品牌的影响力与"新品首次降价"还无法让用户瞬间感受到产品的质量与效果，此时，广告左侧的模特很好地诠释了产品的魅力。

图3-33

3.对用户的视觉进行引导

电商网站的信息非常丰富，如果商品过多，用户进入店铺就会有一种雾里看花的感觉，这时用户就需要设计师给予视觉上的引导，这可以用一幅醒目的大图、一句醒目的文案，还可以是一个吸引人的标题或一组统一的颜色。这样的引导，不仅可以让用户瞬间抓住重点，而且可以引导用户点击进入店铺的其他页面，从而浏览更多的商品信息。如图3-34所示，店铺中商家除了用绿色很好地诠释了春天的含义以外，还在无声中引导了浏览者的视线。

图3-34

记住，无论何时，首屏绝对是很重要的，不要把首屏的位置变成机械而无营养的店铺报告栏。

3.3.3 从视觉营销设计的角度理解微信公众号

据统计，截至2015年12月，中国手机用户已经超过12亿，有9.5亿以上用户在使用手机上网，微信每月活跃用户已经达到5.58亿。在这样的环境下，微信视觉设计就应运而生，作为电商视觉营销设计师，我们该怎么办呢?该如何拓展自己的设计思维，将新媒体的特点与已有的设计知识相结合呢?

1.设计"好"标题

好标题是提升移动端用户阅读欲望的首要推动力，标题越简洁，就越容易被用户记住，并转化为最终的阅读者。

我们知道，订阅号在显示标题时，总是处于一种折叠状态，此时，被显示的阅读内容非常有限，如果标题太长，就无法在订阅号预览页面直接显示完整的标题，用户也就无法完全、快速地了解文章、推广活动等所要表达的意思。如果标题无法精简，那么，应尽量将需要表达的信息关键词展示给用户。如图3-35所示，"营销兵法"订阅号中很清晰地将"营销人的7个必备工具"直接展示出来，用户体验满意度就比较高。

图3-35

此外在图文中，标题文字的数量应尽量加以控制，建议控制在13~20个文字，如图3-36所示。

太多的文字会影响信息的展示，如果产生换行，还会不同程度地遮挡封面图像，加大用户对信息的理解难度。

图3-36

2.配"好"封面图

微信公众号所推送的文章，对于用户而言同样属于一种碎片化信息，微信中的"好"图片可以提升文章的吸引力与魅力，它包括封面图、次图封面、正文中的配图，这三种图像各有特点，我们应按照营销与推广的需要，合理选择图像的尺寸，以保证最佳的视觉效果。通常我们按照如下尺寸进行设计（见图3-37）。

封面图：900px×500px

次封面图：200px×200px

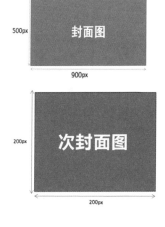

图3-37

确定了图像的尺寸，接下来我们就思考一下如何选择图像。总体来说，封面图像应选择干净、色彩统一、与品牌推广定位相一致的图像。这样做的目的，是向用户传达一种"用心"的服务理念。

颜色数量多，会让用户在狭小的屏幕空间产生视觉疲劳，尤其是选图质量度不高的时候，这种影响更为明显。所以，我们应该选择颜色统一、画面干净、虚实相宜的图像，这样用户就不会有过多的视觉负担，在浏览过程中就会产生愉悦的感觉。还有一点需要我们注意的，就是当我们将图像分享到朋友圈的时候，系统后台会自动截取封面图像居中的部分，所以我们在设计和选用图像时，只要主体内容居中，信息内容就一定可以被用户看到（见图3-38）。

图3-38

3.注意微信结尾关注引导图的设计

好的文章，除了内容，同样需要好的结尾，微信结尾引导图在整个公众平台中应该是统一的，它是保证公众平台视觉形象统一的重要元素之一（见图3-39）。一般来说，微信结尾关注引导图的设计应该注意以下3点。

（1）结合自身品牌定位、行业特征选用和设计图像。

（2）保持微信视觉整体的协调性，切勿使引导图在各个页面不一致，让用户产生视觉错乱。

（3）用色不要太花哨，颜色尽量统一，但在同一公众平台的不同板块，可以使设计风格统一，颜色有所差异和变化。

图3-39

第4章

电商视觉营销设计中的图像美化

章前导语 电商视觉营销设计,既要有优良的页面布局,也要有"吸引眼球"的图像做支撑,这样才可以让设计师更好地利用"优秀的图像会讲故事"这一设计技巧,让视觉设计的商业效益做到最大化。本章将与大家一起分享电商视觉营销设计中图像美化的技巧。

4.1 电商视觉营销设计常用的图片尺寸

做好电商视觉营销设计，首先要知道各个平台对图像尺寸的基本要求，以便于设计效果以一种最完美的视觉呈现给我们的目标用户。本节内容中，我们一起分享目前主要电商平台的设计尺寸知识，以便于快速开展学习。

4.4.1 淘宝与天猫平台的常用设计尺寸

图像和图形是电商视觉营销设计中最主要的两种元素，设计师在设计各个图像要素时，都应该按照规定的尺寸进行设计，否则尺寸偏差太大，容易造成设计效果的变形，而影响视觉效果。本节内容将一起分享淘宝以及天猫平台设计中常用的图像尺寸。

淘宝商城的设计尺寸，如表4-1所示。

表4-1　淘宝商城的设计尺寸

要素名称	设计尺寸（宽×高）	保存格式
店招	950像素×118像素	JPG　GIF　PNG
主题导航	950像素×32像素	JPG　GIF　PNG
首页主题广告	950像素×300像素	JPG　GIF　PNG
左侧分类图像	160像素，高度不限	JPG　GIF　PNG
右侧促销海报	宽度不超过750像素	JPG　GIF　PNG
内页描述促销海报、描述	宽度不超过750像素	JPG　GIF　PNG
旺旺头像	120像素×120像素	JPG　GIF　PNG

由于天猫商城和淘宝商城同属于阿里巴巴集团，所以两者在设计上有相似之处。天猫商城的设计尺寸，如表4-2所示。

表4-2　天猫商城的设计尺寸

要素名称	设计尺寸（宽×高）	保存格式
全屏海报	1920像素	JPG　GIF　PNG
店招	990像素×150像素	JPG　GIF　PNG
主图	800像素×800像素	JPG　GIF　PNG
首页主题广告	990像素，高度不限	JPG　GIF　PNG
左侧分类图像	190像素，高度不限	JPG　GIF　PNG
右侧促销海报	宽度不超过790像素	JPG　GIF　PNG

4.4.2　京东平台的常用设计尺寸

京东商城的设计以及店面的布局比较灵活，所以设计尺寸也比较多样。本节内容将与大家一起分享各种布局的尺寸知识，如表4-3所示。

表4-3　京东商城的设计尺寸

要素名称	设计尺寸（宽×高）	备　　注
全屏海报	1920像素	高度不限
通栏店招	1920像素×150像素	
主图	800像素×800像素	
首页主题广告	990像素	高度不限
左侧分类图像	190像素	高度不限
右侧促销海报	宽度不超过790像素	

除了表4-3中所示的设计尺寸外，京东平台还允许用户自由添加一些个性化的布局。下面就与大家简单地分享一下这些特殊的布局，如图4-1所示。平台对设计尺寸的高度没有太大的限制，只要把握好页面的宽度即可。

190像素X390像素X390像素　　　　790像素X190像素

215像素X765像素　　　　330像素X650像素

图4-1

4.4.3　苏宁易购平台的常用设计尺寸

苏宁自营店铺装修的主要布局尺寸有4种，如表4-4所示。

表4-4　苏宁自营店铺装修布局尺寸

布局宽度	990像素	790像素	590像素	190像素
布局高度	不限	不限	不限	不限

页面各个布局模块的设计具体尺寸，如表4-5所示。

表4-5　布局模块设计尺寸

名　　称	宽　　度	显示高度	备　　注
店招	990像素	50~120像素	不超过150像素
Logo	120像素	120像素	手机店铺与PC端店铺Logo统一上传，设计规格为640像素×390像素
轮播广告	990像素	100~600像素	数量最多不超过5张
商品模块	商品展示部分共有5*N、4*N、3*N三种布局方式可选择。其中5*N、表示每行展示5个商品；4*N表示每行展示4个商品；3*N表示每行展示3个商品		
商品分类	190像素	不限	
自定义区域	990像素	不限	
通栏布局	990像素	不限	
左分栏布局	左侧190像素，右侧790像素	不限	
右分栏布局	左侧790像素，右侧190像素	不限	
左中右布局	左右各190像素，中间590像素	不限	
左中右布局	左侧两个190像素，右侧590像素	不限	
左中右布局	左侧590像素，右侧两个190像素	不限	

4.4.4　移动无线端常用设计尺寸

无线端的转化率近年来呈现爆发式增长，作为设计师，做好手机无线端的视觉营销设计就变得十分紧急。本节内容，我们一起分享手机无线端常用的设计尺寸。

首先分享淘宝客户端与天猫客户端的装修尺寸，如表4-6所示。友情提醒：目前手机淘宝客户端与天猫客户端的装修尺寸一致。

表4-6　具体装修尺寸

要素名称	设计尺寸（宽×高）	备　　注
焦点图	608像素×304像素	文件大小为100KB
店招	640像素×200像素	文件不大于100KB
多图展示模块	248像素×146像素	
双列图片展示	296像素×160像素	
左文右图展示	608像素×160像素	
横幅海报	608像素×336像素	
详情页	宽度在480像素到620像素之间	高度不大于960像素

首先和大家说明一下，京东无线端装修的前三个板块是不可以更改它们各自排列顺序的，所以手机端的前三个模块只能是店招、优惠券、动态轮播。

了解了这一基本常识后，下面将一起分享京东无线端的各模块设计尺寸，如表4-7所示。

表4-7 各模块设计尺寸

要素名称	设计尺寸（宽×高）	文件格式
优惠券	505像素×233像素	JPG GIF PNG
店招	640像素×200像素	JPG GIF PNG
轮播图及宽屏海报	960像素×390像素	JPG GIF PNG
单列活动展示	686像素×362像素	JPG GIF PNG
条幅图展示	580像素×180像素	JPG GIF PNG
两列图展示	580像素×580像素	JPG GIF PNG

当需要在图片上方添加文案内容，实现图文混排时，中文字体的字号应大于30号，英文与阿拉伯数字的字号应大于或等于20号。如果文字太多，建议使用纯文本的方式，这样会保证文案内容的显示质量。

4.2 素材图像的色调调整

4.2.1 快速选择图像的高光与阴影

修饰和矫正产品图像的色彩和色调，首先应确定要编辑的指定选区。只有获得精准、过度平滑的选区，我们才可以更有针对性地"治疗"素材图像所存在的缺陷，本节内容将与大家一起分享电商视觉营销设计中提取素材图像高光和阴影区域的4种技巧。

1.运用快捷键快速获得素材图像的高光区域

按照Adobe官方软件升级对操作所带来的变化，常用的获得高光的快捷键，如表4-8所示。

表4-8 获得高光的快捷键

软件版本	快 捷 键	备 注
Photoshop CS4以前的版本	英文状态按Ctrl+Alt+~组合键	选择菜单中的"选择"｜"反向"命令，即可获得素材图像的阴影区域
Photoshop CS4以后的版本	英文状态按Ctrl+Alt+2组合键	

2.直接载入通道提取图像的高光

具体操作步骤如下。

步骤/01 打开素材图像，确认当前素材图像的色彩模式为RGB色彩模式。

步骤/02 打开"通道"面板，直接单击该面板底部的"将通道作为选区载入"按钮，即可快速得到素材图像的高光区域。选择菜单中的"选择"｜"反向"命令，即可获得素材图像的阴影区域，如图4-2所示。

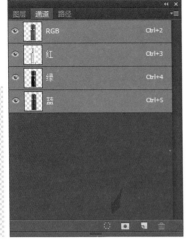

图4-2

3.运用"计算"获取图像的高光区域

具体操作步骤如下。

步骤/01 打开素材图像，选择菜单中的"图像"｜"计算"命令，按照如图4-3所示的参数设置各项内容。

图4-3

步骤/02 按Enter键确认计算结果后，打开"通道"面板，选择经过计算所生成的新的Alpha1通道，然后直接单击"通道"面板底部的"将通道作为选区载入"按钮，即可快速得到素材图像的高光区域。

步骤/03 单击RGB通道，返回到RGB图像中，此时画面出现的精准选区即为素材图像的高光区域，如图4-4所示。

图4-4

4.运用"色彩范围"确定素材图像的高光区域

打开素材图像，选择菜单中的"选择"｜"色彩范围"命令，然后在"选择"下拉列表中选择"高光"选项，然后单击"确定"按钮，此时所确定的选区即为素材图像的高光区域，如图4-5所示。

图4-5

> **提示**　如果在"选择"下拉菜单中选择"阴影""中间调",然后单击"确定"按钮,即可选择图像中的阴影和中间调区域。

4.2.2 图像色调调整的利器:巧妙改善产品的明度

色彩的明暗变化,给浏览者的视觉感知印象非常明显,就像白天与黑夜一样。在淘宝店面设计中,我们可以通过快速调整色彩的明度变化,让原本平凡的店面背景瞬间变得富有空间感。

本节内容将与大家一起分享淘宝店面设计中调整色彩明度的应用技巧。

具体操作步骤如下。

步骤/01 打开图像文件。选择菜单中的"文件"|"打开"命令,打开素材图像(素材\第4章\4.2.2.psd),如图4-6所示。此时,可以发现店招文件的背景偏暗,无法瞬间聚焦浏览者的视线。

图4-6

步骤/02 确定要调整的范围。选择工具箱中的套索工具,在版面中需要创建视觉焦点的区域绘制选区,然后对选区进行羽化,使选区的边缘平滑,如图4-7所示。

图4-7

步骤/03 调整图像的明度。按Ctrl+L组合键,对指定选区的色彩进行明度调整,如图4-8所示。调整完成后,可以发现版面中指定区域的色彩明度得到了改善和提升。

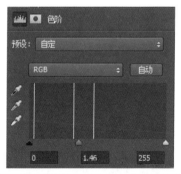

图4-8

步骤/04 这种方法直接基于图像的色彩进行调整,改变了颜色的明度,是一种有损操作。也可以通过创建"色阶"调整图层来改善图像的明度,其效果是一样的。

步骤/05 巧用混合模式改善图像的明度。在"图层"面板中新建一个空白图层，然后将前景色设置为白色，选择柔性笔刷在需要提升图像明度的区域涂抹。然后将图层混合模式更改为"柔光"模式，如图4-9所示。

图4-9

步骤/06 添加相应的素材文件，即可制作出极具视觉美感的网店店招，如图4-10所示。

图4-10

4.2.3 无损化调整图像的色调：智能对象与智能滤镜

在图像编辑的过程中，考虑到素材图像有可能被缩放、旋转等操作，所以建议大家在图像调整完成以后可转换为智能对象。因为智能化对象为我们操作图像提供了十分便利的非破坏性编辑。本节内容与大家一起分享智能对象与智能滤镜的应用技巧。

1.将图层对象转换为智能对象

如图4-11所示，选择需要转换为智能对象的图层，然后选择菜单中的"图层"｜"智能对象"｜"转换为智能对象"命令，转换为智能对象后，不管如何缩放图像，它都不会产生锯齿，并且源文件不受任何的影响。而如果需要再次编辑原图像，只需在智能对象的图层缩览图上方双击，即可打开编辑源文件的操作窗口。

如果不需要再编辑智能对象的原始数据，可选择菜单中的"图层"｜"智能对象"｜"栅格

化"命令，将智能对象转换为常规图层。将智能对象进行栅格化后，应用于该智能对象的变换、变形和滤镜将不可编辑。

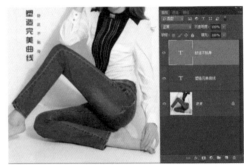

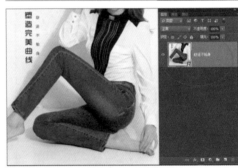

图4-11

智能滤镜与智能对象相类似。要应用智能滤镜，首先需要转换为智能滤镜。选择菜单中的"滤镜"｜"转换为智能滤镜"命令后，在为其添加滤镜效果时即可应用该功能了。如图4-12所示为打开一幅网页Banner效果图像，并转换为"智能滤镜"。

图4-12

接下来，为了提升Banner主体区域的空间感，为其添加"凸出"滤镜效果。此时可以发现素材图像的整体产生了较大的变形，如图4-13所示。

图4-13

将前景色设置为黑色，然后选择柔性的笔刷，在智能滤镜的蒙版中进行涂抹，遮盖多余的凸起部分，此时可以发现Banner主体区域的空间感得到了修改，如图4-14所示。

图4-14

> **提示** 智能滤镜的实质就是为滤镜效果添加了蒙版效果，它允许设计师灵活地把控滤镜效果的应用范围，但大家也要知道，智能滤镜效果不能直接应用于智能对象。

4.3 素材图像的色彩调整

4.3.1 对某一种具体颜色的调控技巧

电商视觉营销设计中运用Photoshop对素材图像的某一种颜色具体调控最常用的工具有"色相/饱和度"和"可选颜色"两种。

通常情况下，为了保证原图像像素的完整性，可以通过"图层"面板创建相应的调整图层来进行色彩调整。本节内容将与大家分享广告设计中对素材图像某一种具体颜色的调控技巧。

具体操作步骤如下。

步骤/01 分析素材图像的色调。打开素材图像，可以发现素材图像整体偏灰，色彩的饱和度不足，使得图像略显脏污。这样的生鲜蔬菜不是消费者所喜欢的。

步骤/02 色彩饱和度调整。打开"图层"面板，创建"色相/饱和度"调整图层，由于素材图像整体色调为绿色，所以我们首先提升绿色的饱和度。

步骤/03 仔细观察，可以发现调整效果并不明显，仅仅是纯绿色部位发生了饱和度的变化，如图4-15所示。由此，我们领略了"色相/饱和度"色彩调整的精准性。

图4-15

步骤/04 创建"可选颜色"调整图层，分别对素材图像的绿色、中性色、白色进行调整，如图4-16所示。此时，可以发现素材图像的色彩得到了明显的改观。

图4-16

图4-17

4.3.2 调整好图像的明度，让产品显得更通透

在电商视觉营销设计中，通过改善图像明暗调的对比，可以使图像效果更通透、明暗对比效果更清晰，而这样的图像对于营造页面简练、干净的体验氛围也十分有用。使用Photoshop提供的减淡工具可以局部加亮图像，从而改善图像的明调。而加深工具的作用和减淡工具完全相反。但二者的共同点是在保护原图像色调的基础上通过设置曝光度的强弱来实现。与操控对象的不透明度一样，这种对象的加深与减淡调饰效果不仅对于调饰图像细节十分重要，而且对于网页设计中制作其他方面的视觉元素同样重要。根据作者的应用经验，在使用这两种工具时，通常将曝光度设置在30%左右，通过多次涂抹可以获得良好的效果。图4-18所示为对图像进行减淡和加深的效果对比。

步骤/05 适当增加图像的对比度，提升素材图像的通透度。然后添加文案及标题，最终效果如图4-17所示。

图4-18

图4-18（续）

4.3.3 调整图像的局部色彩，让对比更强烈

电商视觉营销设计中运用Photoshop对素材图像的局部颜色具体调控最常用的工具是"色彩平衡"。

在通常情况下，为了保证原图像像素的完整性，我们都通过图层面板创建相应的调整图层来进行色彩调整。本节内容将与大家分享广告设计中对素材图像局部色彩调控的技巧。

"色彩平衡"命令最大的优点，就是可以分别对素材图像的高光、阴影、中间调进行调整。

具体操作步骤如下。

步骤/01 分析打开的素材图像。打开素材图像，可以发现素材图像中荔枝的整体饱和度不够，使得产品的吸引力明显降低，如图4-19所示。

图4-19

步骤/02 打开"图层"面板，创建"色彩平衡"调整图层，分别调整素材图像的高光、中间调和阴影部分，如图4-20所示。

图4-20

步骤/03 通过调整，可以发现荔枝的鲜润度得到了改善，荔枝本身的高光、阴影及中间调的颜色在细节上都得到了调整，然后用黑色笔刷在图层蒙版中涂抹，遮盖多余的色彩部分。

步骤/04 适当增加图像的对比度，提升素材图像的通透度，如图4-21所示。

图4-21

4.3.4 对产品图像整体色彩的调控技巧

电商视觉营销设计中运用Photoshop对素材图像整体调控最常用的工具有"色阶""曲线""通道混合器""照片滤镜""去色""黑白"和"纯色"。这些命令有一个明显的特点，就是调整图像的某个色彩时，图像的整体色调就

会发生变化。

通常情况下，为了保证原图像像素的完整性，我们都通过"图层"面板创建相应的调整图层来进行色彩调整。本节内容将与大家分享对素材图像某一种具体颜色的调控技巧。从易用性、实用性和好用性角度出发，以"曲线"调整为例进行讲解。

具体操作步骤如下。

步骤/01 分析素材图像。打开素材图像，其明暗对比十分到位，但色调稍显偏冷，没有展现出产品应有的味道，如图4-22所示。

图4-22

步骤/02 创建"曲线"调整图层，分别对素材图像的蓝色、红色进行调整，如图4-23所示。此时，可以发现素材图像的色彩得到了明显的改观。

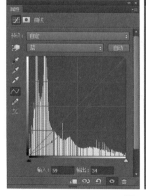

图4-23

步骤/03 降低蓝色是为了增加产品素材中的黄色，调整"红"通道是为了融合黄色，使红色与黄色相糅合，散发出产品的诱人味道，如图4-24所示。

图4-24

步骤/04 诱人的色调有了，还需要添加一点氛围。按Ctrl+Alt+Shift+E组合键，盖印图层。选择菜单中的"滤镜"｜"模糊"｜"高斯模糊"命令，适当模糊素材图像，如图4-25所示。然后打开"图层"面板，将图层混合模式设置为"滤色"，将"不透明度"设置为40%。

步骤/05 将前景色设置为黑色，然后为图像创建图层蒙版，用柔性笔刷在图层蒙版中进行涂抹，遮盖不需要显示的区域，此时可以发现，诱人的味道效果出现了，如图4-26所示。

图4-25　　　　　　图4-26

步骤/06 如果大家希望营造一点温馨的色调，只需调整"红"通道和"绿"通道即可。

4.3.5 校正图像的偏色，让图像更真实

素材图像中色彩的加减变化会造成素材图像的偏色。但是所谓"一物降一物"，我们同样可以运用色彩的加减变化（互补色原理）来快速矫正和调整图像的色彩。

具体操作步骤如下。

步骤/01 打开素材图像。使用吸管工具在图像中先定义高光点，以确定素材图像的偏色倾向，如图4-27所示。

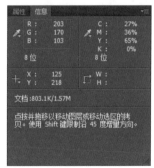

图4-27

步骤/02 我们通过"信息"面板可以清晰地发现B数值明显小于R数值和G数值，因此按照"红色+绿色=黄色"的加色法原理，可以清晰地判断出素材整体偏黄。

步骤/03 但是，在使用互补色原理进行色彩校正时，不要红色、绿色多就减少红色、绿色。按照互补色原理，正确的色彩校正方法应该是增加黄色的补色（蓝色）的比重。

步骤/04 打开"图层"面板，创建"曲线"调整图层，提高蓝色的比重，使图像的色彩得到初步的校正，如图4-28所示。

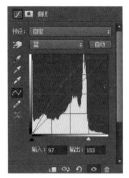

图4-28

步骤/05 创建"色彩平衡"调整图层，细微地对图像的高光、阴影、中间调进行色彩校正，如图4-29所示。

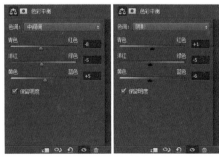

图4-29

步骤/06 再次使用吸管工具在图像中定义高光点，此时可以发现图像的色彩基本趋向正常，如图4-30所示。

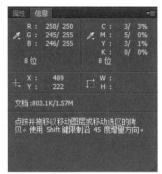

图4-30

4.3.6 产品图像：不可或缺的锐化

网页图像在修编完成以后，一定要盖印图层，等图像锐化完成以后，才可以进行最后效果的输出。本节内容将与大家分享网页图像处理中不可或缺的锐化应用技巧。

选择菜单中的"滤镜"｜"锐化"｜"USM锐化"命令，然后在弹出的对话框中即可实现对素材图像的锐化操作。但是，锐化操作看似简单，实则不然，如何正确地对图像进行锐化操作，需要按照3个步骤来完成。

具体操作步骤如下。

步骤/01 锐化图像前的准备工作。主要包括打开图像、创建图像副本，同时将图像的显示比例按100%显示。这样图像中的每一个像素可以准确地对应到屏幕上的每一个点，当用户进行锐化操作增加图像边缘细节对比度的时候，就可以通过屏幕准确地反映到用户的眼睛中，从而更加方便用户对锐化效果的判断。

步骤/02 将图像转换为智能对象。选择菜单中的"滤镜"｜"转换为智能滤镜"命令，即可实现将图像转换为智能对象。转换为智能对象的好处，是智能滤镜可以让滤镜调节具有调整图层的特点，这样就可以实现对图像的无损化操作。

步骤/03 锐化的本质是通过增加图像中相邻像素的对比度来增加图像的清晰度，所以先要区分清楚所处理的图像的具体特征。例如，使用同样的锐化操作参数去操作一幅动物图像和一幅关于建筑机械的工业图像，显然是不合理的。

图4-31所示为对某品牌店铺的最终输出效果进行锐化操作前后的效果对比。

图4-31

图4-31（续）

4.3.7 打造诱人的产品主图像：瑕疵修复

在网页设计中，素材图像中的瑕疵会影响浏览者浏览页面的体验满意度，所以在本节内容中，将与大家分别从全局柔化和细节修复两个角度分享网页界面设计中图像瑕疵修复的应用技巧。

1. "源"和"目标对象"

"源"和"目标对象"是网页图像修补工具 中很重要的两个属性。其基本的应用原理如图4-32所示。

源：选区a移动到b时，b区域的内容会替代a区域的内容。

目标对象：选区a移动到b时，a区域的内容会替代b区域的内容。

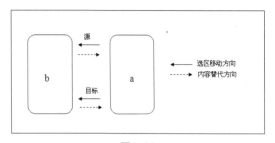

图4-32

当在工具箱中选择了图像修补工具 后，选项栏中会出现如图4-33所示的变化。

图4-33

源：修补工具创建的选区移动到需要取样的位置时，取样位置的像素就会替换掉原有的像素。

目标：与源的像素填充代替方式刚好相反。

透明：如果勾选了该选项，则表示填充替代的内容区域会呈现半透明效果。

> 提示 要调整选区，请执行下列操作之一。
> 按住 Shift 键并在图像中拖动，可添加到现有选区。
> 按住 Alt 键并在图像中拖动，可从现有选区中减去一部分。
> 按住 Alt+Shift 组合键并在图像中拖动，可选择与现有选区叠加的区域。

具体操作步骤如下。

步骤/01 分析素材图像。打开一幅素材图像，如图4-34所示。可以发现该素材图像中存在比较明显的水印效果，所以结合自我的操作习惯，可选用图像修补的方式来去除图像中的瑕疵。

步骤/02 首先选择工具箱中的修补工具，然后拖动鼠标，将需要去掉的部分进行选取。然后选择菜单中的"选择"｜"修改"｜"羽化"命令，对需要移动的"源"选区进行适当的柔滑，如图4-35所示。

图4-34

图4-35

> 提示 羽化的作用是防止修补后的图像边缘出现生硬的"棱角"。具体的数值可依据文件的实际大小灵活设置。

步骤/03 按住鼠标左键，将选择的区域拖动到可以替换原来区域的位置，此时可以发现"源"区域对象就会被替换，如图4-36所示。

图4-36

2.智能修复

图像的智能修复是一种智能化修复图像的新

方法。这种方法对于快速修复图像中的水印、杂质、斑点、照片中多余的干扰物只需几秒就可以完成，而且操作也十分简单。下面我们将与大家一起分享具体的操作技巧。

具体操作步骤如下。

步骤/01 分析图像。首先打开需要修复的图像，如图4-37所示。我们可以发现在模特的左下方多出了一只鞋，这就是需要修复的瑕疵。

图4-37

步骤/02 使用工具箱中的套索工具选取出比需要修复区域略大一些的选择区域，如图4-38所示。

图4-38

步骤/03 选择菜单中的"编辑"｜"填充"命令，在弹出的"填充"对话框中选择"内容识别"选项，如图4-39所示，即可完成图像的修复，效果如图4-40所示。

图4-39

图4-40

> **提示** 这样做的目的是使图像的被修复区域与其周围的环境色可以很好地融合。当然也可以使用Shift+F5组合键来快捷实现操作。

4.4 电商视觉营销设计技巧提炼

电商视觉营销设计的目的，就是设计师借助设计帮助卖家触发用户的网购行为，从而实现商品销售。所以设计师应当很好地把握用户的心理，用视觉去满足消费者、去激发消费者的购买欲望。

4.4.1　把握消费者的心理

作为电商视觉营销设计师，每天要面对不同商品上架的视觉设计，不同的商品都会面对不同的购买用户。本节内容将与大家分享电子商务活动中常见的7种消费者的消费心理，以便于让我们的设计更有"杀伤力"。

1.安全心理

这类用户具有较高的安全防范意识，较为注重商品使用的安全性与质量。面对这一类型的用户，设计师需要在设计中清晰地告知用户商品所具有的独特安全性与商品的质量可靠性。

2.疑虑心理

这类用户更看重商品的质量与商家的信誉度及口碑。面对这类用户，设计师可在设计中运用体验、试用、赠送等思维方式，帮助消费者打消疑虑，获取他们的认同，进而放心购买。

3.价格便宜

这类用户在选购商品时比较看重商品的价格，对商品的价格会进行认真的对比。设计师在面对这种用户时，需要十分清楚商品的价格优势或商品所具有的附加服务，在设计中可多运用"秒杀""包邮""全网最低"等具有诱惑力的文案。

4.名牌心理

这类用户主要追求品牌所带来的满足感，所以设计师在设计中应重点突出品牌所带给用户的自豪感，如果品牌有专用的签约名人，设计师要用好名人效应来满足用户追求名牌的心理。

5.便利性心理

这类用户主要追求的是商家商品与同类竞争品相比较所具有的便利性有哪些。设计师面对这类用户，重点要突出商品携带方便、使用方便、售后服务方便、购买方便。

6.稀有新颖的心理

这类用户主要追求的是所购买的商品如何凸显与众不同的个性，如何满足"自己"所购买的

商品能够独一无二。

7.实用性心理

这类用户主要看中商品的功能和实用价值。这一点看似简单，但对设计师来说，确实比较困难，所以面对这样的用户，设计师如何发现产品功能的差异性、使用价值的独特性是很重要的。

4.4.2　提升点击率的4种技巧

用户在浏览店铺的视觉信息时，眼睛始终处于一种快速的扫描状态，而不是阅读，他们只有发现自己喜欢的信息了，眼睛才会停留下来，进而产生点击和转换，所以电商视觉营销设计师要学会4种提升广告点击率的技巧。

1.设计层次要明确

电商平台及店铺的产品广告、海报多由3部分组成：即公司名称（Logo）、广告的价值主导、对用户的引导；公司名称的主要目的是提升店铺品牌的知名度，提升店铺品牌的曝光度，在用户心目中保留清晰的视觉符号；广告的价值主导，简单地说，就是设计师如何设计广告，让产品卖点、服务卖点来吸引用户进行消费，是主打质量，还是主打折扣，是主打限时特供，还是主打买一送一。这部分内容是电商广告设计的主体；对用户的引导，一般由文本或者按钮构成，它是电商广告中的视觉焦点，是引导和告知用户如何做出行动选择、如何深入点击的必要通道。

2.迎合目标用户的消费心理

迎合目标消费者，并不是一味地强调视觉冲击力。对于理性的消费者，设计师应该重点突出商品的功能、属性、效用及产品本身所具有的使用价值；对于网购经验比较丰富的消费者，他们基本都知道所要购买的商品行情及最终的购买价格，所以，设计师应该将设计重点放在产品所具有的实际价值、产品所具有的定价原因、产品所采用的原料来源等方面；对于碎片化时间购买

的浏览性用户而言，他们更愿意花费大量的时间对产品进行对比，所以设计师面对这种类型的用户，应该重点采用视觉冲击力极强烈、质感清晰的方式进行设计，进而引起用户的注意，激发他们的点击和购买；还有一种用户属于冲动购买型，他们或许没有太明确的购买目的，但是对于视觉冲击力强烈、卖点清晰、诉求点明确的广告的抵抗力却十分薄弱，所以设计师如何用好视觉冲击力的设计技巧就变得十分重要了。

3.恰当利用按钮

按钮能够提高点击率，有效地引导用户如何做出下一步的决定。在设计时建议大家多采用对照感比较强烈的色彩。

4.打造一种紧迫感

打造一种视觉上的紧迫感，就是针对目标用户通过清晰的卖点、明确的产品使用价值、实惠的销售价格，让用户迫不及待地点击、购买；打造一种紧迫感就是要让用户面对诱人的促销信息，心中始终痒痒的，借助促销时间的限制，让用户自由思考，如果错失机会，将花费更大的价钱才可以购买到同类、同款的产品。

4.4.3 设计的关键词，您确定好了吗

关键词，本来是提升用户搜索体验度的一种手段，但是我们是否可以多思考一下，将设计的结果与搜索关键词合理地结合，做到所搜即所见呢！本节内容将与大家一起分享一些确定设计关键词与搜索关键词相结合的技巧。

1.设计的重点与搜索的重点是以产品品牌或商品本身为重点的关键词

品牌词（产品名）：如阿芙精油、三只松鼠、御泥坊等。

商品词：斜肩包、秋季毛衣、单鞋、休闲风衣等。

搜索这些关键词的用户重点在于对品牌的认

知度和好感，所以设计师在设计以产品品牌或商品本身为重点的产品海报、主图时，应该尽量提升品牌的形象。

如图4-41所示，营销海报很好地突出了品牌的"萌萌哒"形象。

图4-41

2.设计的重点与搜索的重点是以产品的定位、属性为重点的关键词

定位词：突出产品销售的所属类别、年龄、职业、格调、款式等。例如以年龄群体作为基本的定位，则相应的设计关键词包括男式、女式、中老年、婴幼儿专用等。

属性词：重点突出产品的特点、风格，则可以包括以下关键词：淑女款、瘦身、波点、印花、蕾丝等；若强调产品的材质，则可包含如下关键词，如纯棉、丝绸、牛皮、羊绒等。

如图4-42所示，营销海报很好地突出了产品的定位"商务休闲"。

图4-42

3.设计的重点与搜索的重点是以产品的功能或附加卖点为重点的关键词

功能词：是指侧重产品功能介绍、产品功效的关键词。例如丰胸、增高、美白、显瘦等。

附加卖点词：主要是指我们的产品与竞争对

手相比较、与网络口碑相对应、与网络服务相呼应的一些设计词。如果我们的产品与其他竞争对手相比，客观存在更为明显的差异化，也属于此类关键词。例如正品、专柜货、行货、韩版、包邮、特价、买送等。

如图4-43所示，产品的营销海报重点表达了产品的"芳香"。

图4-43

4.4.4 选图片，就是选美女

先声明一下，选美女，其实就是我们在设计时要选用什么样的模特照片。我们知道，电商视觉营销设计，都是围绕用户需求出发的，所以不管是护肤美妆、内衣外套、上衣裙子、还是下装鞋子，这些用品都是用户所需要的东西，所以在设计中选用靓丽的模特，不仅可以美化页面，还可以很好地起到示范的作用，进而增强广告宣传的说服力，影响用户购买的行为趋向。

作为设计师，我们该如何选择"美女"呢？

明确了应用的主题，首先要注意美女的装束，好马配好鞍，好马就是我们的产品，好鞍当然就是美女模特了。这个大家都明白，选用美女就要将美女的效用发挥到最大化。其次要注意美女的表情，或活力四射，或微笑开心，这样的美女才可以传达出促销所带来的实惠。就像在对用户大声呼喊"帅哥，美女，赶紧过来买'我'吧！这里有你想要得到的所有实惠"。总之，这种美女配表情的效果，对用户而言是非常具有感染力的，如图4-44所示。

图4-44

4.5 手机端视觉营销设计的 4个关键点

4.5.1 视觉设计一定要专注

手机端受制于显示屏幕，所以设计师在设计手机端的海报、店招等营销广告时，不能单以品牌或商品为主，版面的结构性元素尽量要精简，所有的元素都要简洁、专一。包括色彩、文案、产品图像、模特照片及版面创意等。图4-45所示为某店铺手机端的截图，图4-45（续）所示为PC端截图，我们可以发现手机端的版面设计针对性更明显，目标更明确，产品的类目设计更便于用户选择和查找适合的产品。

图4-45

图4-45（续）

如何做到视觉设计的专注性呢？可以采用"加-减"法来进行思考。"加-减"法就是要求设计师首先聚合产品所有卖点，然后按照设计需要和营销推广的需要，把其中可以减去的多余要素去掉，留下最精准、最核心的卖点。

4.5.2 版面布局一定要合理

移动端的用户更多是一种碎片化浏览，良好的版面布局，可以很好地迎合用户碎片化浏览的习惯，极大地提升用户的浏览体验。

良好的版面布局，不仅可以让页面产品的陈列更合理，而且对于用户，也可以更快地发现自己所要查找的商品，减少用户的购买时间成本。

要做好版面布局，就要合理规划页面视觉表现的主次。如图4-46所示，不管是感恩回馈，还是降价促销，都可以让用户在最短的时间内很快地，毫不费时地浏览和查询产品。总之，页面布局合理，设计美观是加快用户下单、提升用户浏览体验的很重要的一个方法。

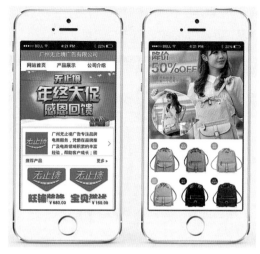

图4-46

4.5.3 图像的优化一定要合理

图像的优化，关系到用户体验满意度，没有人愿意花费太长的时间去等待店铺页面图片的下载，所以，本节内容将与大家一起分享图片优化的问题。

每张图片都必须要优化，否则无法上传到店铺中。在Photoshop软件中做好切片以后，按Ctrl+Alt+Shift+S组合键 即可打开图像优化界面，耐心一点，逐一选中每个切片去优化，可尝试不同的图像格式，如图4-47所示，有时候在JPG格式下50%的质量，仍然比GIF格式的文件大，遇到这样的问题，就要去查看图片颜色信息。如果颜色比较单一，可首选GIF格式；如果是颜色数量复杂的图片，则选择JPG格式。

特别说明：有时也会出现GIF格式和JPG格式的图像文件都很大的情况，此时选择PNG8格式，文件会小很多。

作为初学者，请注意不要把图片或者文字使用切片拦腰斩断。每张图片，或者每一段文字都要完整地切成一张图，而不是把一张完整的图片切成几块，否则图像发布以后，视觉显示效果会有非常严重的问题。在移动客户端或许看不出来，而一旦用户使用手机浏览器去看宝贝详情的时候，图片之间的空隙就十分明显了。

图4-47

4.5.4 主图设计的2个关键点要知晓

主图设计简单？那为何流量的转化率上不去呢？所以主图设计不简单。本节内容，我们一起分享做好主图设计的2个关键点。

1.做好差异化设计

做好PC端或无线端主图设计，设计师需要了解的工作包括产品如何规划、产品如何布局、页面如何布局及售前售后等相关工作。电商平台中，同质化竞争非常严重，我们还能拿什么和对手拼？拿什么打动客户呢？那就是视觉要和产品高度匹配，在设计中，尤其是无线端的设计中，实现高度个性化和差异化。

首先，在选图时要注意以下5点，即产品的人群定位、使用背景、使用情景差异化、拍摄角度差异化、展现细节差异化。其中，产品的人群定位可以从相关的工具软件来获得，例如生意参谋，知道目标人群的性别、分布地区、消费能力等，了解他们的购物喜好和风格偏好；产品图像有差异化的背景，也可以使产品快速地被浏览者注意到。但注意，背景环境不要为了特殊而特殊，前提是要能突出我们的产品。情景化、差异

化是指根据人群特点设计产品页面的情景，例如，目标人群是年轻的文艺派，图片情景可以是咖啡厅、书吧等地方，以便于设计师做出有质感和品位的感觉。展现细节差异化是指设计主图要注意细节，不单是尺寸满足就可以，还要考虑这个尺寸的图像是否足够锐化，如果锐化在移动端清晰，而上传到手机端是否会变模糊。如图4-48所示，可以发现不仅仅是服装类产品的主图设计注意到消费人群、情景化，就连家电、家纺类产品主图设计也在注重主图差异化设计。

图4-48

2.添加清晰的营销利益点

要注意把展示给用户的实际利益具象化。传送什么产品，可以让浏览者直接从产品主图中识别和看到，让用户更精准地看到与自己相关的利益点，进而提升转化率，如图4-49所示。

图4-49

如图4-50所示的两张产品的主图，上图产品背景比较花哨凌乱，产品并不突出；下图产品背景就有差异化，而且有产品与配饰的整体效果展示。如果在无线端会有更多优势，整体化的搭配效果很容易引起用户试穿与体验的欲望，进而提升转化率。

图4-50

4.6 主图设计案例分享

4.6.1 化妆品主图设计

产品主图，除了告知用户我们的产品是什么，有时也可以借助背景图像巧妙渲染产品的价值。本节内容将与大家一起分享一个化妆品主图设计的案例。

具体操作步骤如下。

步骤/01 确定主图的设计尺寸。新建一个空白文件，考虑到主图的放大浏览特性，确定设计尺寸大小为宽700像素、高700像素，如图4-51所示。

图4-51

步骤/02 置入用作背景的素材文件（素材\第4章\4.6.1bg.jpg），选择菜单中的"图像"|"模式"|"Lab模式"命令，更改图像的色彩模式。

步骤/03 借助通道替换颜色。打开"通道"面板，全选a通道，然后按Ctrl+C组合键；接着选择b通道，按Ctrl+V组合键，这样就将a通道的颜色信息复制到b通道中，从而实现颜色替换，如图4-52所示。

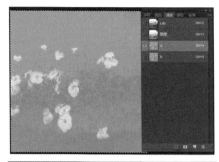

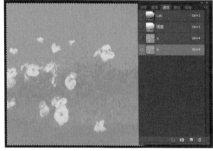

图4-52

步骤/04 选择菜单中的"图像"|"调整"|"亮度/对比度"命令，在弹出的对话框中适当调节图像的明暗对比，使颜色更清晰，如图4-53所示。然后选择菜单中的"图像"|"模式"|"RGB模式"命令，再次更改图像的色彩模式。

图4-53

步骤/05 柔化背景图像。选择菜单中的"滤镜"|"模糊"|"高斯模糊"命令，在弹出的对话框中适当的柔滑背景图像，如图4-54所示。

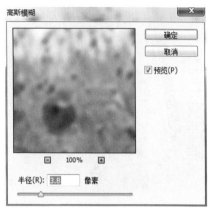

图4-54

步骤/06 置入产品图像（素材\第4章\产品.png），将其放置在页面适当的位置。按Ctrl+J组合键创建产品图像的副本图层，垂直翻转产品图像，然后为其添加图层蒙版，使用黑色笔刷在蒙版中涂抹，遮盖多余的区域，制作出产品的倒影效果，如图4-55所示。

图4-55

步骤/07 创建色彩平衡调整图层，调节主图整体的色调，如图4-56所示。

图4-56

图4-56（续）

步骤/08 添加文案内容，然后打开"图层"面板为文案添加"渐变叠加"、"描边"和"投影"图层样式效果，参数设置如图4-57所示。需要注意的是，选择投影颜色时，不建议使用黑色，可选择与背景色相近的颜色作为投影颜色。

图4-57

步骤/09 绘制矩形，添加其他的附属文案。选择工具箱中的画笔工具，在文档中绘制相应的修饰粒子，完成后的最终效果如图4-58所示。

图4-58

4.6.2 护眼灯促销主图设计

以促销为主的产品主图能够实现多层促销信息并存的情况吗？本节内容将借助图形的应用技巧及色彩对比的应用技巧，与大家分享一个柔光儿童护眼灯的主图设计案例。

具体操作步骤如下。

步骤/01 确定主图的设计尺寸。新建一个空白文件，考虑到主图的放大浏览特性，确定设计尺寸大小为宽700像素、高700像素，如图4-59所示。

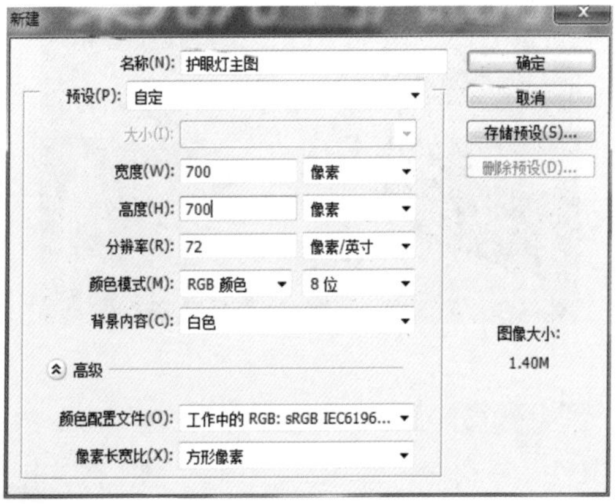

图4-59

步骤/02 创建背景色。选择工具箱中的多边形套索工具，以产品外观为基本轮廓，快速绘制一个如图4-60所示的不规则选区，然后用洋红色填充选区。

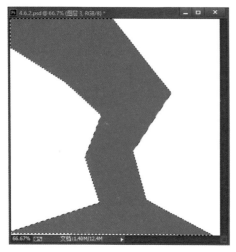

图4-60

步骤/03 选择工具箱中的魔棒工具，依次创建另外两个不规则选区，分别用#0d2043和#0b9940颜色填充选区，完成后的效果如图4-61所示。这样就借助色彩对比完成了主图背景的制作。

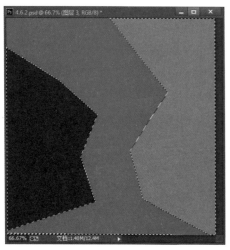

图4-61

步骤/04 置入产品素材并创建倒影。将素材文件（素材\第4章\4.6.2.png）置入到当前设计文档中，并放置在页面适当的位置。

步骤/05 按Ctrl+J组合键创建素材文件的副本图层，垂直翻转产品图像，然后为其添加图层蒙版，用黑色笔刷在蒙版中涂抹，遮盖多余的区域，制作出产品的倒影效果，如图4-62所示。

图4-62

步骤/06 添加标题文案。选择工具箱中的横排文字工具，输入标题文案，为了突出文字的可识别性，可以为文字添加"渐变叠加"以及"投影"图层样式效果，参数设置如图4-63所示。这样的文字设计与产品的特点"柔光"在视觉上是一致的。

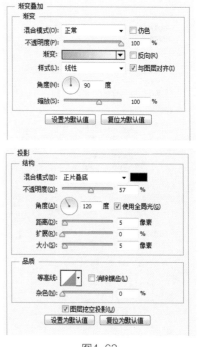

图4-63

步骤/07 添加辅助文案。选择工具箱中的横排文字工具，在文档中输入相应的文案内容，如图4-64所示。在输入时要注意文字色彩的关联性和呼应性，保持页面整体色彩的协调性。

图4-64

步骤/08 添加图形修饰。选择组定义图形工具，绘制一个图形，放置在相应的位置，将素材文件（素材\第4章\优惠券.jpg）置入到当前设计文档中，调整大小，放置在页面适当的位置。一方面可以让主图变得不单调，另一方面也可以引起用户的注意。完成后的最终效果如图4-65所示。

图4-65

4.6.3 生鲜产品主图设计

生鲜产品的主图设计，一方面要考虑到目标用户对产品的期望，另一方面在设计时也要突出视觉浏览的舒适性。本节内容将与大家分享一个生鲜产品的主图设计案例。

具体操作步骤如下。

步骤/01 确定主图的设计尺寸。新建一个空白文件，考虑到主图的放大浏览特性，确定设计尺寸大小为宽700像素、高700像素，分辨率为72像素/英寸如图4-66所示。

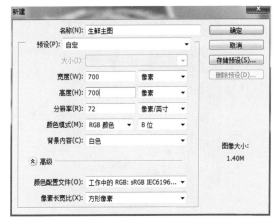

图4-66

步骤/02 创建背景色。选择工具箱中的套索工具，在选项栏中更改选区的绘制模式为"相加"，快速绘制如图4-67所示的选区，并分别用# fe6902和#f7cd05颜色填充选区。

图4-67

步骤/03 置入产品，创建投影。将素材文件（素材\第4章\4.6.3.png）置入到当前设计文档中，并放置在页面适当的位置。创建"自然饱和度"调整图层，适当调整产品的色调，如图4-68所示。

图4-68

步骤/04 按Ctrl+J组合键创建产品图像的副本图层。选择菜单中的"图像"｜"调整"｜"去色"命令，去除副本图层中图像的色彩。

步骤/05 调整副本图层中图像的明暗度。选择菜单中的"图像"｜"调整"｜"亮度/对比度"命令，在弹出的对话框中降低图像的明度，如图4-69所示。接着选择菜单中的"滤镜"｜"模糊"｜"高斯模糊"命令，在弹出的对话框中适当模糊图像，如图4-70所示。

图4-69

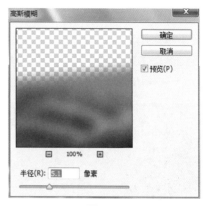

图4-70

步骤/06 绘制图形。新建一个空白图层，选择工具箱中的钢笔工具，绘制一个如图4-71所示的图形，填充颜色为#3b0424。按Ctrl+J组合键创建图形的副本图层，选择菜单中的"图像"｜"调整"｜"亮度/对比度"命令，在弹出的对话框中适当提升副本图层的图像明度，如图4-72所示。完成后将其轻微向右移动。

图4-71

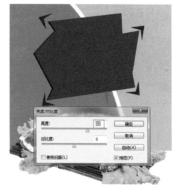

图4-72

步骤/07 选择工具箱中的横排文字工具，输入相应的文案内容，完成后的最终效果如图4-73所示。

图4-73

4.6.4 农特水果产品主图设计

农特水果产品主图的设计，可借助色彩的对比来凸显产品的鲜润度，借助标签的指示作用来引导用户的浏览视线。本节内容将与大家一起分享一个水果产品的主图设计案例。

具体操作步骤如下。

步骤/01 确定主图的设计尺寸。新建一个空白文件，考虑到主图的放大浏览特性，确定设计尺寸大小为宽700像素、高700像素，如图4-74所示。

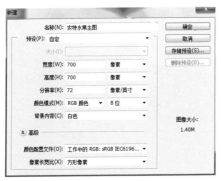

图4-74

步骤/02 置入产品的素材图像并创建投影。将素材文件（素材\第4章\4.6.4.png）置入到当前设计文档中，并放置在页面适当的位置。

新建一个空白图层，放置在"产品"素材图层的下方，使用工具箱中的画笔工具绘制相应的投影效果，如图4-75所示。

图4-75

步骤/03 选择工具箱中的横排文字工具，输入相应的文案内容，如图4-76所示。文案的颜色一定要鲜艳、醒目。

图4-76

步骤/04 将前景色设置为暗灰色，选择工具箱中的画笔工具，在文档中绘制比较柔和的线条，然后创建一个矩形选区，删除多余的线条内容，如图4-77所示。

图4-77

步骤/05 新建一个空白图层。选择工具箱中的椭圆工具，绘制一个椭圆选区，并用#54860d颜色填充选区。按Ctrl+J组合键创建副本图层，效果如图4-78所示。

图4-78

步骤/06 绘制引导标示。新建一个空白图层。选择工具箱中的钢笔工具，绘制一个封闭路径。按Ctrl+Enter组合键，将路径转换为选区，并用#bbeb4f颜色填充选区，效果如图4-79所示。

图4-79

步骤/07 按Ctrl+J组合键创建副本图层，保持选区，选择菜单中的"选择"｜"修改"｜"收缩"命令，将选区向内收缩4个像素。选择菜单中的"图像"｜"调整"｜"亮度/对比度"命令，适当降低副本图层的图像明度，如图4-80所示。

图4-80

步骤/08 选择工具箱中的横排文字工具，输入相应的标题文案。将素材文件（素材\第4章\4.6.4-1.png）置入到当前设计文档中，并放置在页面适当的位置。按Ctrl+J组合键创建其副本图层，放置在页面的适当位置，如图4-81所示。

步骤/09 选择工具箱中的形状工具，绘制一个修饰形状，放置在页面适当的位置。至此，完成后的最终效果，如图4-82所示。在设置文案的颜色时，要注意文案颜色之间的呼应和统一性。

图4-81   图4-82

第 5 章

没时间调整图像，就让图形和文字做主吧

 合理而美观的文字设计和图形设计，可以提高设计版面中视觉传达的效果、提升版面信息的诉求力度，因此文字排列组合和图形运用能力的强弱，直接影响着版面的视觉传达效果。本章将与大家一起分享电商视觉营销设计中文字设计与图形设计的常用技巧。

5.1 策划电商"赢销"文案

图形是一个大金库，却经常因为"太简单"而被我们低估成小煤矿，仅是简单地看作装饰网店的点缀物。实则不然，它的作用很大，应该贯穿整个电商视觉营销设计。文字文案就是网店的导购，其作用同样不可低估。作为设计师和网店店主，如果您没时间调整图像，就让图形和文字做主吧！

关键词：文案创意　营销转换　数据设计图形突出重点　图形装饰　区域分割

1.明确产品的特性

产品的特征主要是指产品的各项功能和属性。每一个商品都有自己的功能，作为设计师，从提炼卖点、高效设计的角度看，在商品同质明显的网店平台中深度关注特定的商品的特征是顺利实现营销目的的关键。

商品表面的特征和实质的特征是有很大区别的。以母婴、幼儿类产品为例，其表面特征为婴幼儿的食品和用品，但实质特征却是年轻的父母们关心的所购商品的可靠性和便捷性问题。图5-1所示为天猫商城和京东商城的母婴类用品的产品特征介绍页。设计时，将产品的安全性和便利性

图5-1

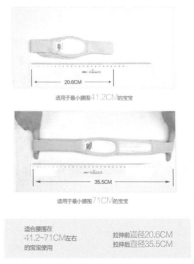

图5-1（续）

采用"列表陈列"的方式很好地展现出来。

2.明确营销的目的

各种网店的视觉营销，目的都是不同的，有的是通过营销增加店面的知名度和品牌影响力；有的是为了借助营销，打造店铺的爆款产品；而在一些特殊的节假日，有的营销活动则是通过让利、包邮的形式打造"薄利多销"和塑造用户的购物体验。所以作为电商视觉营销设计师，一定要明白我们所做的视觉设计和当次营销活动的主题应该是高度吻合的、目的是高度统一的，如图5-2所示。

图5-2

优化营销目的，可通过整合商品的优点来实现，设计师可通过提炼文案、筛选要点，明确营销的目的，让买家更多地感受到商品所带给他们的实际使用功能、利益和好处，为消费者找到更多的消费理由。例如我们可以通过"贴标签"的形式，逐一罗列出商品的优点，然后进行细致的整合，如图5-3所示。

图5-3

3.传递关键的转换信息

明确了营销的目的，接下来就需要寻找传递提升营销转换的关键词，如图5-4所示。可以说传递关键的转换信息是电商视觉营销设计的核心之一。它综合了用户消费心理、消费特征、消费喜好、购买行为等因素。例如，网店借助"关键词"营造一种营销的紧张感。相信我们都被这种极具紧张感的营销关键词"说服"过无数次：

本次优惠仅限前10名；

本次活动仅24小时，机会难得；

特惠商品仅100件；

极致体验、限量开放。

图5-4

5.2 设计"赢销"文案

设计营销文案就像我们培训新招聘的导购员一样，"她"说话的质量直接影响了顾客的进店转化率。

5.2.1 电商设计师需知道，文案创意的4个要点

电商文案设计最重要的目的，就是要做好与目标浏览者有效的沟通。将产品的营销信息向浏览者表述清楚。本节内容将与大家一起分享电商文案设计的4个要点，如图5-5所示。

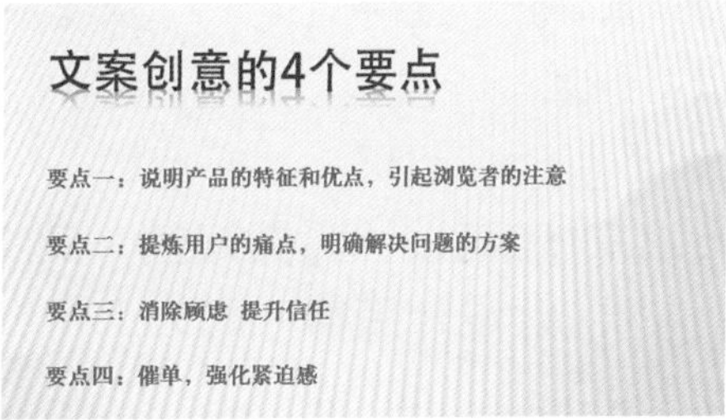

文案创意的4个要点

要点一：说明产品的特征和优点，引起浏览者的注意

要点二：提炼用户的痛点，明确解决问题的方案

要点三：消除顾虑 提升信任

要点四：催单，强化紧迫感

图5-5

1.说明产品的特征和优点，引起浏览者的注意

按照马斯洛的需求定律，人们都是有需求的，作为产品文案设计师，就要结合产品的产地、构成、材料、款式等，对产品的这些属性进行详细化的说明，从而引起浏览者的注意。在电商视觉营销设计中，引起浏览者的注意，是我们将用户的需求转换为需要的第一步。

2.提炼用户的痛点，明确解决问题的方案

产品的具体功能是用来为用户提供服务的，但仅仅提供"服务"，浏览者并不一定买单，相反，提炼产品的用途，以"痛点"的方式直接向浏览者陈述，会获得不一样的效果。这一点实际是借助了营销心理学中的"恐惧"营销技巧。

当然，只给出痛点，会把浏览者吓跑，所以针对用户的痛点，设计师要结合产品的用途将具体的解决方案以文字的方式告知浏览者，这样势必会增加浏览者购买商品的信心。

3.消除顾虑，提升信任

浏览者了解了产品的功能和用途后，肯定还有一定的顾虑存在。例如，购买生鲜食品，会担心其保鲜度；购买教育产品，会担心师资的具体水平和课程的质量，如果出现这些问题，店家是否可以提供退货或加配更好的服务。

作为这一部分的文案，设计师在设计文案内容时一定要注意表述的直接性和条理性，不要含糊不清。

4.催单，强化紧迫感

催单，就是通过一定的时间限制和条件约束，让浏览者明白"机不可失"。这需要配合一定的促销手段。

5.2.2 电商设计师需知道，英文会让设计变得"高大上"

在电商视觉营销设计中，巧妙地使用英文，确实可以提升产品的价值档次印象。首先英文与我们的汉语一样，也可以传递出特定的情感，此外，在我们日常看到的英文电影、影视剧中都会出现欧洲华丽的宫殿、优雅的绅士，这些因素无形中也会影响大家的识别意识。当然还有一点，那就是"物"以稀为贵，我们看到的汉语言符号随处可见，所以在产品海报设计中巧妙地添加一些英文，也是营造"稀缺"印象的设计技巧！如图5-6所示，一样的产品，您觉得哪一幅作品更显得"高大上"一点呢？

图5-6

图5-6（续）

5.2.3 电商设计师需知道，设计精确的数据更具吸引力

电商设计中巧妙地设计数据，也是一种常用的营销技巧，它可以巧妙地引起浏览者的购物欲望，提升店面的良好印象。本节内容将与大家一起分享设计电商数据的两个技巧。

1.精准的数字更有吸引力

首先，我们通过两个案例来进行对比。如图5-7所示，前者仅仅是通过数量庞大的产品告知浏览者，产品目前正在打折销售。可以想象，目前同质化的促销打折，对消费者来说已经不是什么新鲜事了。但后者除了标注醒目的折扣意图外，还巧妙地将"200,000,000"进行"不经意"的强调，可以预计，消费者即使看不到"2～5折再包邮"这样的信息，眼睛也会扫描到领取红包的"美事"。此外，设计师还通过设计时间（12天16时11分11秒）强化了"数字红包"营销的紧迫感，如图5-7所示。

图5-7

2.用好数字数据的罗列

研究表明，浏览者的目光对数字是十分敏感的，与图像和文字相比关注度要提高许多。如图5-8所示，浏览者几乎不用思考，就可以快速获知网店的具体满减金额。

图5-8

但是这一视觉效果还不完善，从营销心理的效果看，作者认为还需要对数字进行轻微的优化，借助数字的多与少、人们喜欢占便宜的心理进行优化。效果如图5-9所示，4与100对比，心理上感觉100是不是更多呢？

图5-9

5.2.4　好字体，我们约会吧

好字体可以传达情感，这是大家的共识，但是很多时候，作为初入职场的"新手"来说，却不知道去哪里"约会"好字体。本节内容将与大家一起分享约会"好"字体的解决方案。

1.不知道字体的名字

如果电商视觉营销设计师希望"借用"一些成功案例中的字体，但是却不知道它的名字，此时，我们可借助截图软件（例如腾讯QQ软件的截图功能），然后登录http://www.qiuziti.com网站，按步骤操作，即可快速地查阅字体的名称，如图5-10所示。

图5-10

2.按照字体的图像进行搜索

打开需要参考的成功案例的文件，然后进行截图，并保存截图文件。然后登录网址，上传字体截图，系统很快就会找到所需要的字体，如图5-11示。

图5-11

5.2.5　手机移动端文案设计的4个要点

手机移动端受浏览环境的影响，用户的浏览体验也会有所区别。本节内容将与大家一起分享手机端营销文案设计需要注意的4个要点。

1.逻辑清晰，简练直观

手机移动端的阅读屏幕面积有限，如果文案内容设计太烦琐，不仅会增加用户浏览的难度，也会增加用户眼睛的疲劳度。所以，手机端的文案一定要逻辑清晰、简练直观。逻辑清晰是指用户浏览的文案内容层次清晰、主次明确。简练直观是指文案内容的精准度和简练程度。要做好以上两点，我们可采用短语式文案，多运用项目符号和编号来强化阅读的逻辑和次序，如图5-12所示。

图5-12

2.提炼核心卖点，巧用形容词

手机端文案设计也遵循"提炼卖点"的设计原则，剔除多余的干扰因素。不要让顾客在混乱的文案引导下做"犹豫着"的决定，而应该找出那个最具特色的关键卖点进行放大、放大再放大，让卖点占据买家的心智，让买家找到购买商品的理由，这样才能提高页面的转化率。

此外，为了迎合浏览者的阅读特征，激发浏览者的体验冲动，还可以巧妙地多使用一些形容词。例如"美食，就要美滋滋""香喷喷，美滋滋"，这样的描述显然比"这种奶茶就是这个味"更具感染力，如图5-13所示。

图5-13

3.注意产品使用价值和非使用价值的挖掘

移动端的浏览者有一个很大的特点，就是浏览店铺时间的碎片化和购买商品的碎片化。对于产品使用价值的挖掘，相信大家都可以从产品的卖点、产品功效与优点、带给消费者的直接好处等3方面进行挖掘，而对于产品的非使用价值，则可以从产品的不同颜色、形态等方面进行挖掘。千万不要小看这些非使用功能，因为产品的使用价值消费者基本都已经熟悉和了解，但对于一些非使用功能并不一定十分熟悉。如此一来，针对商品的非使用价值的文案表述就能很快激起浏览者的购买欲望。

例如，形态外观如"不倒翁"状的婴儿用奶瓶，如果仅仅将其描述为一款个性的奶瓶，恐怕不会引起太多年轻妈妈们的兴趣，但是如果从非使用功能入手进行描述，则会提高产品在移动端的转化率。

技巧一：借助色彩的变化将其描述为"色彩，与宝宝一起见证成长的快乐"。因为家长们都知道，自从宝宝出生后，在一般环境下，1岁之内只能识别1种颜色，2岁到3岁可以逐渐识别2种到3种颜色，很显然，我们的文案描述将奶瓶的颜色和宝宝的智力发育很好地接洽起来，与宝宝的成长产生互动，这种环境下奶瓶不再是奶瓶，而是一种帮助宝宝晋升智力的玩具，如图5-14所示。

图5-14

技巧二：借助形态变化将其描述为一种交互玩具。不倒翁状的奶瓶、可爱的表情似乎每时每刻都在与宝宝进行无声的交互，这样的奶瓶除了具有喂奶的功能，更增添了无毒、安全、放心的玩具功能。所以，"陪伴与智力开发同行"，估计您也会心动的，如图5-15所示。

图5-15

4.字号的选用要注意

手机端的屏幕十分有限，而设计师在设计文案时通常在PC端完成，所以，在选用字体和字号大小时，一定要注意能够保证在手机端也可以清晰地阅读。

5.3 案例与技巧分享：网店文案，应该这样写

不管是淘宝商城和天猫商城，还是京东商城和苏宁易购，商品的款式、样式琳琅满目，为了吸引流量，增加点击率，电商视觉营销设计师就必须要找到产品的发光点，然后通过文案的方式传达给浏览者。

商品的主要特征：男士纯棉内衣（两个重要特征即男士和纯棉）。

主要优点包括产地、材质、品牌形象、主要功能、弹性良好、吸汗、透气、穿着舒适。

很显然，太多的信息不利于浏览者记忆和信息的传播。

优点整合：弹性良好、吸汗、透气、100%纯棉（数字更有说服力，心理影响更明显）。

带给消费者的实际利益展现：适合炎热的夏天穿，比较凉爽，给男性更多舒适的穿衣体验。

信任：三大权威机构检验、1位超人气明星代言、1256位买家的满意评价。

同时辅助以相应的图像，作为强有力的论据。这样既简化了产品的记忆点，又通过数字罗列、项目符号应用的方式增加了文案内容的条理性。类似案例在移动端和PC端的显示效果，如图5-16所示。

图5-16

5.4 技能提升：为形状点赞

5.4.1 技能提升：滥用形状的5宗罪

形状运用得恰当，为店面带来流量和提高转化率，当然需要为其点赞，但是如果运用不恰当，同样会影响店面的浏览体验满意度。下面作者总结了网店设计中滥用形状的5宗"罪"，一起与大家共勉。

1.形状颜色太乱，内容浏览受影响

很多人认为多用图形，添加图示，就会让页面显得有档次，实则不然，这样的设计效果是要不得的。它会影响店面的浏览体验满意度。电商视觉营销设计，并不是只要华丽而不注重效果，如图5-17所示。

图5-17

2.图形的风格太杂乱

图形数量的增加使得页面的主要信息内容不能快速跳出来，同时，各个形状之间又没有清晰的联系和关联性，如图5-18所示。

图5-18

3.过度使用渐变填充，使主要信息不清晰

在电商视觉营销设计中，渐变可以增加页面元素的立体感和光感，但是在产品海报设计中却不适合作为底色使用。如图5-19所示，这样的渐变效果使页面的主要信息内容不能清晰地展现。

图5-19

4.图形的位置放置太随意

在电商店铺设计中，图形的使用有渐进型的逻辑式图形、整齐规范的矩阵式图形、环形排列的总分式图形及树形的图形排列。这些使用形式虽然简单，但是很多设计师并没有意识到这一细节，使得图形的使用显得过于凌乱，如图5-20所示。

图5-20

5.图形内的文案内容呈现堆叠和拥挤

图形与文案配合，其目的是增强文案信息的可读性，约束浏览者的阅读视线和范围，加快营销信息的传播。但是如果文案内容不注意优化，

使得文字太拥挤，就加大了浏览者"扫描"页面信息的难度，如图5-21所示。

图5-21

5.4.2 技能提升：形状美化的6个技巧

在Photoshop软件中的图形可以分为标准的几何形状及不规则的自定义形状，本节内容将与大家一起分享形状美化的6个技巧。

1.改变形状的边角

选择工具箱中的矩形工具，然后按住Shift键不放，拖动鼠标，即可绘制一个以当前鼠标位置为起点的形状。如果打开"属性"面板，更改矩形的倒角半径，即可获得相应的圆角矩形，如图5-22所示。

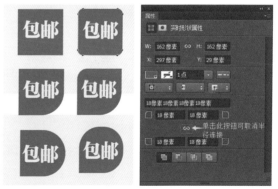

图5-22

如果需要改变矩形的形状，可以借助添加锚点工具 和直接选择工具 来快速实现对矩形外观的改变。

步骤/01 首先绘制基本的形状。

步骤/02 选择添加锚点工具，在需要添加锚点处单击鼠标，添加一个或若干个可以用来编辑的锚点。

步骤/03 选择直接选择工具，然后移动锚点的位置，即可快速实现形状外观的改变。

步骤/04 如果绘制的是多边形，则可以通过更改选项栏中的平滑拐角、平滑缩进等选项，对多边形的外观进行修改，如图5-23所示。

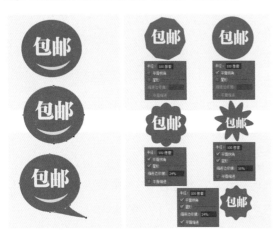

图5-23

这种图形的绘制虽然简单，但在电商视觉营销设计中却是增加页面注意力的必用技巧。类似案例如图5-24所示。

图5-24

2.改变边框的粗细（颜色）或设置形状的不透明度

形状的边框色及边框的粗细都可以改善浏览者的浏览体验。边框设置太宽，就会让人感觉设计很粗糙。此外，巧妙地设置形状的不透明度，可以使形状的视觉效果更具光亮感，如图5-25所示。

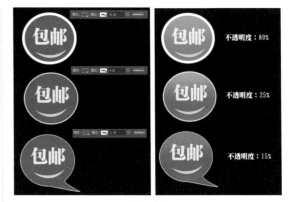

图5-25

3.运用色彩明暗变化的原理为图形添加折角或阴影效果

电商视觉营销设计中，很多时候都会为图形添加阴影效果以增强图形的可识别性，其实这样的效果就是借助色彩的明暗变化叠加而得到的，如图5-26所示。

图5-26

具体的操作方法也很简单，首先绘制好需要的图形，然后打开"拾色器（前景色）"对话框，选择HSB模式填色，然后更改B的具体数值，这样即可实现在不改变色相的情况下快速改变颜色的明度，如图5-27所示。

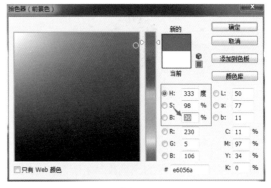

图5-27

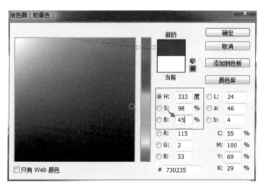

图5-27（续）

4.使用渐变色填充图形

使用渐变色填充图形，可以使图形的视觉效果显得有层次而不单调，在电商视觉营销设计中也是非常流行的一种使用方式，如图5-28所示。

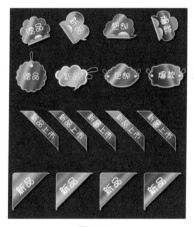

图5-28

为图形添加渐变填充效果，需要首先选择渐变工具，然后在渐变编辑器中设置好需要使用的渐变色，然后才可以为图形进行填充。

具体操作步骤如下。

步骤/01 选择工具箱中的渐变工具，打开"渐变编辑器"对话框，在此需要设置3处主要的参数，即第一个位置处（0位置处）的颜色及颜色不透明度；第二个位置处的颜色和不透明度；第三个位置处（100%位置处）的颜色和不透明度。其中，第二个位置处的颜色和不透明度是控制渐变填充效果的过渡色，可以让渐变填充变得更加平滑，如图5-29所示。

图5-29

步骤/02 选择恰当的渐变填充方式。线性渐变，可以实现色彩在水平或垂直方向上及某一角度上的渐变填充；而径向渐变，则可以设置色彩以某一个点为中心向四周呈现放射式的渐变填充效果；角度渐变、对称渐变、菱形渐变则是一种相对特殊的渐变填充效果。我们可将后3种填充方式视作前两种填充方式的补充。

步骤/03 使用直接选择工具选择需要填充的形状，然后在"属性"面板中选用恰当的渐变填充方式，即可为图形添加相应的效果。当然，还可以在选项栏中更改渐变的具体角度、不透明度、缩放比例等参数。设置及效果如图5-30所示。

图5-30

5.改变形状的描边类型

改变形状的描边类型，可以体现出设计效果的精细感，改变电商视觉营销设计中单一的描边方式，如图5-31所示。

图5-31

具体操作步骤如下。

步骤01 选择需要描边的形状，然后在选项栏中设置恰当的描边类型。

步骤02 确定描边颜色和描边宽度。需要说明的是，描边的颜色与形状的填充色的对比度要有一定的差异，这样会有助于展现图形区域面积的独立性，如图5-32所示。

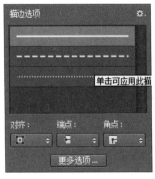

图5-32

6.快速制作不同的阴影和光线效果

为图形添加阴影效果可以增加页面展示的空间感，为图形添加一定的光影，则可以强化形状的存在感。这些效果看起来非常精细，但制作起来只要掌握技巧，其实会很简单。

具体操作步骤如下。

步骤01 选择相应的形状工具，然后确定填充色。如果需要制作光影，则需要选择明度较高的颜色；反之，如果制作阴影，则选择明度较暗的色彩。

步骤02 选择菜单中的"滤镜"｜"模糊"｜"高斯模糊"命令，为图形添加适合的模糊效果。

步骤03 选择工具箱中的移动工具，将模糊后的图形放置于相应图形的下方，此时可以发现，所希望的阴影就出现了，如图5-33所示。

图5-33

步骤04 如果需要制作光影，则只需将模糊后的形状进行压扁即可，如图5-34所示。

图5-34

5.4.3 技能提升：如何画出曲线图形

使用钢笔工具绘制曲线图形，是电商视觉营

销设计师经常使用的方法。但一个普遍的问题，就是初学者用钢笔工具绘制曲线段，其节点太不容易控制。本节内容将与大家分享使用钢笔工具绘制曲线图形的技巧。

具体操作步骤如下。

步骤/01 选择工具箱中的钢笔工具，就像绘制直线段一样，依次单击鼠标，然后将所绘制的线段进行连接。这些被连接的锚点就是用来调整曲线形状的顶点位置及弯曲方向的关键点，如图5-35所示。

图5-35

步骤/02 选择工具箱中的转换点工具，然后在需要调整的节点处单击并拖拽鼠标，改变路径的弧度，这样做的目的是增加边缘的平滑度，如图5-36所示。

图5-36

步骤/03 对于曲线的绘制，初学者最大的"烦恼"就是不知道如何对所绘制的曲线进行更加精细的"平滑度"调整。常常是调整好前边，

后边又出现了变形。所以，我们不是针对每一个节点都调整其平滑度，而是只调整那些关键转折处的节点的平滑度即可。对于其他的节点，则不必过多理会，如图5-37所示。

步骤/04 选择工具箱中的删除节点工具，将多余的节点直接删除。此时，就会发现曲线的平滑度顿时得到了改善，如图5-38所示。

图5-37　　　　　　　图5-38

步骤/05 我们一定要明白，开始时绘制多余的节点，是为了快速确定封闭曲线形状的雏形轮廓，而接下来调整关键节点的平滑度后，再删除多余的节点，目的就是为了更好地实现平滑节点与平滑节点之间的链接。

步骤/06 前期路径绘制完成后，按Ctrl+Enter组合键，将路径载入选区，然后填充需要的红色，即可快速制作出所需要的飘带效果，如图5-39所示。

图5-39

飘带中的明暗变化，可以借助加深工具和减淡工具来调节。此外，曲线形状应用于电商视觉营销设计中还可以营造店铺的视觉氛围，让页面更有设计感。

5.4.4 技能提升：形状组合的应用

Photoshop中可以使用形状工具绘制简单的矢量图形，但复杂的图形绘制，可以借助两条路径之间的合并、减去、相交、排除相交操作来实现，这样一来，制作一些系统自定义形状库中没有的形状就不用再"麻烦"专业的矢量软件了。

首先需要知道，在"路径"面板中的灰色代表形状的外部、白色代表形状的内部。接下来将与大家一起了解形状组合运算的操作技巧。

具体操作步骤如下。

步骤/01 选择工具箱中的形状工具，然后在选项栏中选择绘制形状，并选择新建图层模式。

步骤/02 在文档中依次绘制两个用来演示操作的形状。例如，一个矩形和一个椭圆形状。此时可以发现两个形状分别位于不同的图层中，如图5-40所示。

图5-40

步骤/03 按住Shift键选择需要参与运算的形状图层，选择菜单中的"图层"｜"合并形状"命令，将形状图层进行合并。选中形状图层，在选项栏中选择"与形状区域相交"选项，此时效果就出来了，可以发现仅保留了两个形状的相交部分，如图5-41所示。

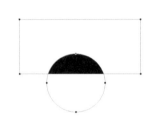

图5-41

步骤/04 如果在选项栏中选择"排除重叠形状"选项，可以发现两个形状相交的部分就被"挖空"了，如图5-42所示。

图5-42

步骤/05 如果想彻底合并形状路径，不再显示顶层形状的路径，可以选择"合并形状组件"选项，这样，最终效果就是一个单路径的形状图层。合并形状组件前后效果，如图5-43所示。

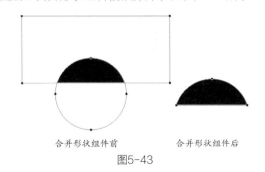

合并形状组件前　　　合并形状组件后

图5-43

步骤/06 如果希望使用"减去顶层形状"功能，首先绘制一个基本形状，然后在形状工具的选项栏中选择"减去顶层形状"选项，然后再绘制希望参与运算的运算形状。这样，当运算形状绘制完成后，即可发现顶层形状被"减掉"了，如图5-44所示。

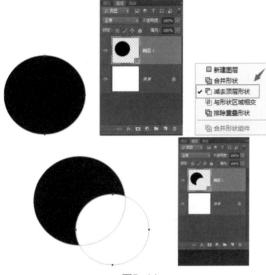

图5-44

下面通过绘制天猫商城Logo来共同体验其具体的应用技巧。

具体操作步骤如下。

步骤/01 新建一个空白文档，将前景色设置为黑色，将背景色设置为白色，然后选择工具箱中的矩形工具，绘制一个矩形。

步骤/02 打开"属性"面板，设置矩形的圆角半径为20像素，如图5-45所示。

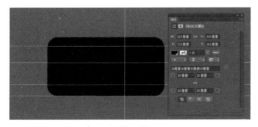

图5-45

步骤/03 选择工具箱中的钢笔工具，在选项栏中设置绘制方式为"形状"，运算方式为

"减去顶层形状"，然后绘制一个不规则形状，绘制完成后，即可得到天猫商城Logo的基本外观，如图5-46所示。

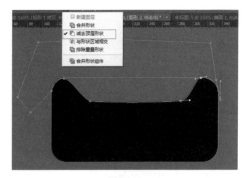

图5-46

步骤/04 合并形状路径。不再显示顶层形状的路径，在形状工具选项栏中选择"合并形状"选项，如图5-47所示。

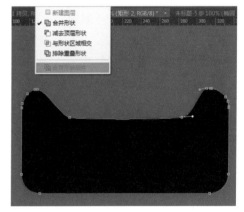

图5-47

步骤/05 选择椭圆形状工具，在选项栏中设置填充色为白色，绘制一个正圆形，在选项栏中更改运算方式为"排除重叠形状"，然后再绘制一个椭圆形，绘制完成后，即可得到中间挖空的"天猫眼睛"形状，如图5-48所示。

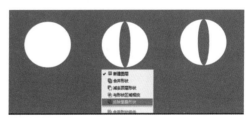

图5-48

步骤/06 选择多边形工具，在选项栏中更改边数为3，设置填充色为白色，然后绘制一个三角形。绘制完成后更改其大小，然后放置在适当的位置，完成"天猫眉梁"的绘制，如图5-49所示。

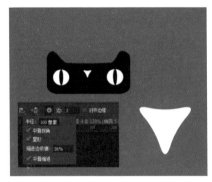

图5-49

步骤/07 新建一个空白图层。选择工具箱中的钢笔工具，在选项栏中设置填充色为无，设置描边色为白色，绘制"天猫"Logo的鼻子，完成最终效果的制作，如图5-50所示。

图5-50

5.5 形状案例设计与技巧分享

电商视觉营销设计最主要的是快速传递店面的营销信息。所以，在设计中选用一种最简单的设计方式来解决问题，不失为一种合适的办法。本节内容将与大家一起分享如何借助简练的图形来完成店面装修的需求。

5.5.1 分享：淘宝产品海报设计案例

设计关键词：对齐　虚实对比　图形填充　投影

设计说明：

本案例为一个秋冬季女款连体毛衣的设计。在设计时，首先采用高雅的灰色作为海报的背景，其次为了表达产品的品牌特色，在设计中采用了虚实对比的方式来展现产品的轻柔美，为了展现产品价值，在设计中采用了左对齐文案信息的方式来体现品牌的严谨性。而在细节的把控上，则通过文案的层次化编排、色彩的引导、图形填充与轮廓相结合的方式来完成。最终设计效果，如图5-51所示。

图5-51

具体操作步骤如下。

步骤/01 新建一个空白文件。按照淘宝店铺商品海报设计尺寸的要求，将文件的宽度设置为900像素，高度设置为350像素，分辨率设置为72像素。

步骤/02 确定文档的背景色。产品的定价策略（单价为488元/件）决定了设计师的选色要求应该与之相适应，所以我们确定采用亮灰色作为主色，而在具体设计技巧上，采用了从左向右渐变的线性渐变填充方式，如图5-52所示。

图5-52

步骤/03 添加产品图像。将产品的素材文

件（素材\第5章\5.5.1.bmp）置入到当前设计
文档中，调整其大小，并放置在页面适当的位
置，如图5-53所示。

图5-53

步骤/04 创建产品的虚实对比。按Ctrl+J
组合键，创建产品的副本图层。接着将素材文件
进行水平翻转。打开"图层"面板，将产品图
像副本图层的"不透明度"设置为40%，如
图5-54所示。

图5-54

步骤/05 添加产品文案。选择工具箱中的
横排文字工具，依次在文档中输入所需要的文案
内容，如图5-55所示。为了便于文案内容的修
改，建议大家将文案分别放置在不同的图层中。

图5-55

步骤/06 编辑文案。选择"闪靓秋冬"文
案内容，将字体设置为"文鼎粗宋简"、字号大
小设置为45点，设置颜色为黑色。为了增强文案
的可识别性和美观性，可以为文案添加"投影"
图层样式，具体设置如图5-56所示。

图5-56

步骤/07 选择恰当的字体。选择"要温暖
更要精彩"文案内容，将字体设置为"幼圆"、
字号大小设置为28点，颜色设置为黑色。在此更
改字体，一方面是为了区分主标题的文案字体；
另一方面是为了凸显女性的柔曲之美。

步骤/08 呼应主标题。选择文档中的辅助
文案内容，将字体设置为"文鼎粗宋简"、字号大
小设置为12点，颜色设置为黑色，如图5-57所示。

图5-57

步骤/09 添加必要的修饰，凸显产品
的价值。选择工具箱中的横排文字工具，输
入-TOCOLOR-，然后打开"字符"面板，将
字体设置为Orator Std，字号大小设置为12点，
字符间距设置为1280%，如图5-58所示。

图5-58

图5-58（续）

步骤／10 绘制图形，添加必要的修饰。使用工具箱中的矩形工具绘制一个细小的矩形，并设置填充色为红色，描边色设置为无。这样的设计使文案的排列显得更加整齐，如图5-59所示。

图5-59

步骤／11 设计价格标签。再次绘制一个矩形，将描边色设置为白色，描边宽度设置为0.4点，然后使用横排文字工具输入相应的文案内容，如图5-60所示。

图5-60

步骤／12 绘制圆形，添加必要的视觉引导。用户扫描店面商品，我们应适当将产品的价格进行提示，以减少浏览者的思考时间。选择工具箱中的椭圆工具，绘制一个椭圆形，然后将填充色设置为红色，描边色设置为无，完成后将其放置在适当的位置。接着输入货币符号，如图5-61所示。

图5-61

步骤／13 至此，本案例的设计就基本制作完成了。

视觉营销设计，一定要考虑到用户的使用体验以及用户碎片化的浏览习惯。很明显，我们的这个设计中并没有告知用户目前的定价原因，也没有清晰地引导用户做出"下一步"如何选择的行为指引。

因此，添加产品的原价信息，让用户了解产品的基本价值，同时强化色彩对比，提高用户识别的便利性，选用自定义图形标示，明确告知用户的"下一步"行为该如何做，如图5-62所示。

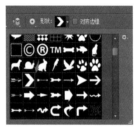

图5-62

多多益善：优秀设计案例欣赏

每个优秀的设计师都希望自己的创意能够源源不断。您在学完这里提供的学习内容后，是否还想再次补充一下自己的设计视野？优秀设计案例效果如图5-63所示。

图5-63

5.5.2 分享：天猫品牌海报设计案例

设计关键词：华丽富贵 渐变填充 留白 明暗对比 情感表达

设计说明：

在本案例中，客户的要求是要体现出产品的富丽和华贵。所以，在设计时，首先选用富贵华丽的紫色作为设计的主色调，借助图形填充的色彩明暗变化，营造出场面的空间感，然后添加代表富贵的牡丹、飘落的金色花瓣来强调"富贵华丽"、用粒子光环来修饰页面的华丽，最后为了给产品增加一点拟人化的情感，使用了红色的心形元素来进行比喻。最终设计效果如图5-64所示。

图5-64

具体操作步骤如下。

步骤/01 新建一个空白文件。按照天猫店铺商品海报设计尺寸的要求，我们将文件的宽度设置为990像素，高度设置为450像素，分辨率设置为72像素。

步骤/02 选择富丽华贵的色彩。将前景色设置为#c02dd3，将背景色设置为#7608bc，然后选择工具箱中的渐变工具，在文档中制作出如图5-65所示的径向渐变填充效果。

图5-65

步骤/03 打开素材图像。将手机图像文件（素材\第5章\5.5.2chp.bmp）置入到当前设计文档中，然后使用移动工具将其放置在页面的正中心位置。

步骤/04 修饰产品图像，提升产品的华丽感。将牡丹花图像文件（素材\第5章\md.psd）置入到当前设计文档中，按Ctrl+J组合键，创建其副本图层，然后调整其图层位置，用牡丹花将手机进行"环绕"，如图5-66所示。

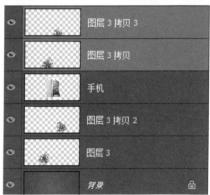

图5-66

步骤/05 强化页面的华丽感。仅仅使用牡丹花"环绕"产品，会使得"华丽富贵"的表现效果太牵强。所以，需要在版面中添加粒子效果。新建一个新的图层，将前景色设置为白色，然后选择工具箱中的画笔工具，在选项栏中设置笔画的各项参数，然后在文档中绘制出如图5-67所示的粒子效果。

步骤/06 绘制图形，借用色彩的明暗对比来创建版面的空间感。选择工具箱中的钢笔工具，在选项栏中设置绘制方式为"形状"，填充色设置为#8208a9，描边色设置为无，然后绘制一个如图5-68所示的三角形。完成后再次绘制一个多边形，更改填充色为#420556，这样，通过色彩的明暗对比，使得版面的空间感增加，如图5-69所示。

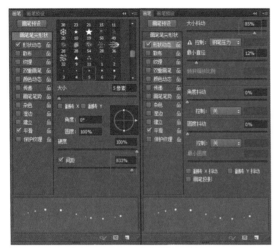

图5-67

图5-68

图5-69

步骤/07 翻转图形，创建图形的对称效果。选择菜单中的"编辑"｜"变换"｜"水平翻转"命令，依次将图形进行水平翻转，然后将其调整到适合的位置，如图5-70所示。

图5-70

步骤/08 添加主要的文案信息。选择工具箱中的横排文字工具，将字体设置为"文鼎粗宋简"，字号大小设置为77点，颜色设置为白色。为了强化主文案内容的可读性，为其添加"投影"图层样式，如图5-71所示。

图5-71

步骤/09 设计辅助文案内容。选择工具箱中的矩形工具，绘制一个矩形。在选项栏中设置填充色为#fff799。选择工具箱中的横排文字工具，在文档中输入"清秀金秋"，字体设置为"文鼎粗宋简"，字号大小设置为24点，颜色设置为#420556，如图5-72所示。

图5-72

步骤/10 运用留白的技巧添加具有情感的文案内容。选择工具箱中的横排文字工具，在文档中输入"2015.8.15容颜起嫁"，字体设置为"文鼎粗宋简"，字号大小设置为17点，颜色设置为白色，如图5-73所示。

图5-73

步骤/11 为文案添加必要的情感元素。选择工具箱中的自定义形状工具，绘制两个如图5-74所示的心形形状，并将其放置在文字的右上方，以此为产品增加拟人化的情感效果。

图5-74

步骤/12 至此，本案例的设计就基本制作完成了。

作为品牌产品的视觉营销设计，一定要注意细节的表现。在本案例中矩形金黄色的使用体现了产品的华贵，但还稍显牵强，所以在思考以及与客户沟通后，在产品的上方添加了金黄色的花瓣飘落，如图5-75所示。这样就呼应了矩形的金黄色，同时也起到了自然引导用户浏览视线的作用。在本案例中，重点以品牌海报设计为主，所以为了强调品牌的形象，没有像上一个产品海报设计案例那样添加引导用户的行为按钮标示。这一点需要大家有所了解。

图5-75

多多益善：优秀设计案例欣赏

品牌店面的视觉营销设计有别于产品的海报设计，品牌海报设计重点是树立产品的品牌形象，提升品牌在浏览者心目中的品牌印象，所以，留白、巧用情感因素、突出视觉效果的华丽是经常使用的设计技巧。优秀设计案例效果，如图5-76所示。

图5-76

5.5.3 分享：京东平台促销海报设计案例

设计关键词：光影修饰　图形创造空间　投影　载入笔刷

设计说明：

本案例为一个京东商城的设计。京东平台的后台装修操作是基于Jshop系统。所以，首先需要了解Jshop的布局特点及设计尺寸，然后借助光影效果来营造促销华丽的版面背景；接着通过绘制图形创造版面的空间感，并强化版面的空间感；最后为了修饰版面效果，通过运用笔刷工具绘制云彩，来渲染营销的氛围。最终设计效果如图5-77所示。

图5-77

具体操作步骤如下。

步骤/01 了解京东平台的布局特点。京东后台Jshop系统允许的装修布局方式有三栏布局、通栏布局、左右栏布局等。我们需要知道Jshop系统允许页面栏与栏之间的间距为10像素，并且对产品海报设计尺寸的高度没有具体的限制，只要注意不同布局模式下设计尺寸的宽度即可，如图5-78所示。

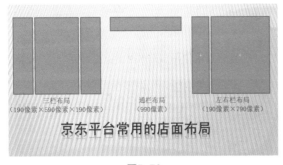

图5-78

步骤/02 创建背景光影效果。打开素材文件（素材\第5章\5.5.3bj.bmp），选择菜单中的"滤镜"｜"模糊"｜"高斯模糊"命令，为素材图像添加模糊效果，从而快速制作出背景的光影效果，如图5-79所示。

图5-79

步骤/03 更改素材文件的尺寸，以适应设计的需要。选择工具箱中的裁切工具，将素材文件裁切为宽990像素、高350像素。

步骤/04 绘制自定义形状。选择工具箱中的钢笔工具，绘制一个梯形，在选项栏中设置填充色为#6a005f，如图5-80所示。

图5-80

步骤/05 继续绘制自定义图形，依次将填充色设置为#e80b49和#fb8c00，描边色设置为无，然后选择菜单中的"图层"｜"合并形状"命令，对所绘制的图形进行合并，效果如图5-81所示。

图5-81

步骤/06 翻转图形营造版面的空间感。创建形状的副本图层，然后将形状进行垂直翻转，使用移动工具将其放置在适当的位置，如图5-82所示。

图5-82

步骤/07 绘制云彩，渲染版面的氛围。选择工具箱中的画笔工具，然后在选项栏中的笔刷下拉面板的下拉菜单中选择"载入画笔"命令，将随书附带的笔刷资源文件载入。然后选择所载入的云彩笔刷，将前景色设置为白色，在文档中绘制如图5-83所示的云彩效果。

图5-83

步骤/08 添加必要的促销图形效果。打开素材文件（素材\第5章\5.5.3wa.psd），然后使用移动工具将其移动至当前设计文档中，并放置在页面适当的位置，如图5-84所示。

图5-84

步骤/09 借助图形创建地面的光影效果。选择工具箱中的钢笔工具，绘制一个三角形，在选项栏中设置填充色为#fd06f6，描边色为橙一黄一橙的渐变效果，如图5-85所示。然后打开"图层"面板，将图层的"不透明度"设置为20%，效果如图5-86所示。

图5-85

图5-86

步骤/10 复制图形效果让版面效果更华丽。打开素材文件（素材\第5章\5.5.3jp.psd），将其置入到当前设计文档中，并放置在页面适当的位置，如图5-87所示。

图5-87

步骤/11 选择工具箱中的画笔工具，将前景色设置为白色，笔刷直径设置为5像素，然后在文档中绘制"点"效果。然后选择工具箱中的横排文字工具，添加必要的文案信息，如图5-88所示。

图5-88

步骤/12 添加必要的修饰。选择工具箱中的矩形工具，绘制一个黑色矩形，使"倒计时"更清晰。选择菜单中的"图层"｜"图层样式"｜"投影"命令，为文字添加必要的黑色投影效果。选择菜单中的"图层"｜"图层样式"｜"描边"命令，为文字添加必要的白色描边效果，如图5-89所示。

图5-89

步骤/13 至此，本案例的设计就基本制作完成了。

促销海报的设计是将主要的促销信息设计得直观、明了，尽量降低其周边的"噪声"影响。很明显，我们在设计初稿时，版面的礼品放置得"太靠前"，明显有点喧宾夺主。此外，页面中有高光存在，但发光源却不明显，这些设计细节都需要改进。经过调整后的最终设计效果如图5-90所示。

图5-90

多多益善：优秀设计案例欣赏

京东促销海报设计与淘宝、天猫等其他电商平台的促销海报设计也有相似的要求，那就是要让促销信息明确，减少页面中不必要的干扰信息，这样才可以让视觉营销信息传播更通畅。优秀设计案例效果如图5-91所示。

图5-91

5.5.4 分享：微店产品海报设计案例

设计关键词：图形修饰　文字转换为图形投影　渐变填充

设计说明：

本案例为一个手机移动端微店太阳镜的设

计。在设计时，首先按照手机移动端的浏览特点
选用主旨鲜明、简洁明了的产品图像作为设计的
主图像；接着为了表达产品的使用效果，借助曲
线工具、可选颜色调整图层对主图像的色彩、色
调进行了矫正。在文案设计部分，借助文字转换
为图形的方式实现了对特殊图形的编辑与调整。
最终设计效果如图5-92所示。

图5-92

具体操作步骤如下。

步骤/01▷ 明确手机微店设计的要点。手机
微店的设计特点是设计主题明确、画面简单；文
案内容简练易读，信息传达迅速。

步骤/02▷ 按照微店的要求创建文件。在
此，确定的尺寸为宽608像素、高304像素、分
辨率为72像素。然后将主图像置入到设计文档
中，如图5-93所示。

图5-93

步骤/03▷ 修编主图像。可以发现素材偏
暗，色调偏暖。所以，首先创建曲线调整图层，
提升图像的明度。接着创建可选颜色调整图层，
减少素材图像中暖色的比例，如图5-94所示。

图5-94

步骤/04▷ 制作主要的营销信息。选择工具
箱中的横排文字工具，输入数字5，在选项栏中将
字号大小设置为200点，字体设置为"汉仪大黑
简"，颜色设置为洋红色。

步骤/05▷ 将文字转换为图形。为了制作文
字的特殊效果，打开"图层"面板，在文字图层
上单击鼠标右键，在弹出的快捷菜单中选择"转
换为形状"命令，这样文字即转换为可编辑的图
形，文字原来具有的所有属性将不复存在，如
图5-95所示。

步骤/06▷ 按Ctrl+J组合键，创建文字图形
图层的副本图层，选择工具箱中的直接选择工
具，单击文字形状副本图层，在选项栏中更改图
形的填充色为深红色（#7d0022），选择文字形
状的右侧锚点，对其向右进行拉伸，如图5-96
所示。

图5-95

图5-96

图5-97

步骤 07 设计文案的投影与描边效果。选择工具箱中的横排文字工具，输入"折"，在选项栏中将字号大小设置为64点，字体设置为"文鼎特粗宋简"，颜色设置为洋红色。选择菜单中的"图层"｜"图层样式"｜"投影"命令，为文字添加黑色投影效果。选择菜单中的"图层"｜"图层样式"｜"描边"命令，为文字添加白色描边效果。"投影"图层样式和"描边"图层样式的参数设置如图5-97所示。

步骤 08 修改文字的描边效果。为了使文字的投影与数字5的投影角度相一致，选择菜单中的"图层"｜"图层样式"｜"创建图层"命令，将"投影"图层样式、"描边"图层样式与文字图层相分离。接着选择"投影"图层，选择"编辑"｜"变换"｜"斜切"命令，对文字的投影角度进行调整，如图5-98所示。

图5-98

步骤/09 设计促销信息。将前景色设置为#e5004f，将背景色设置为#7d0022，然后使用矩形工具绘制一个矩形，在选项栏中设置填充方式为"线性渐变"，将渐变色为从前景色到背景色渐变，渐变角度为-90°，如图5-99所示。

然，我们的视觉画面中洋红色太突出了，在页面的左上角缺少一些视觉引导色。

所以，我们将前景色设置为#e5004f，然后绘制一些简单的修饰图形，来完善视觉版面的色彩引导，如图5-101所示。

图5-101

多多益善：优秀设计案例欣赏

微店的产品海报设计内容要精练、易读，受屏幕环境影响，不需要太多的说明性文字。此外，也要注意字号设置不能太小，否则用户的眼睛在扫描手机屏幕的过程中，无法快速发现产品的信息。优秀设计案例效果如图5-102所示。

图5-99

步骤/10 添加促销文字内容。为了强调促销优势，将"包邮"文字的颜色设置为黄色。其他文字颜色设置为白色，字号大小设置为25点，字体设置为"文鼎特粗宋简"，如图5-100所示。

图5-100

步骤/11 至此，我们按照移动端"简练"的要求完成了基本的设计稿。

手机端的案例设计，除了主旨明确、视觉信息简练外，还要注意画面信息的连贯性。很显

图5-102

5.5.5 分享：微信推广海报设计案例

设计关键词：重复　对称与对比　简洁　留白图形展示

设计说明：

本案例为一个手机移动端的微信推广海报的设计。首先应该明确设计的要点，即用最简单、最容易理解的视觉展示方式来传达营销信息。受移动端具体用户的不确定性影响，一定要明白移动端的用户并不都是我们想象中那么"聪明"，我们所设定的营销信息如果操作"太烦琐""太麻烦"，用户是不会买单的，手指轻轻挪动就马上离开了。所以，在本案例设计时，首先考虑的是用户操作的便利性，运用留白的方式将二维码放置在屏幕偏上的位置。类似于网站中横幅Banner的位置，接着借助图形来展示操作的先后步骤。最后，通过重复与对比、对称的方式来美化微信海报的版面。最终设计效果如图5-103所示。

图5-103

具体操作步骤如下。

步骤/01 考虑移动端的显示尺寸。我们所设定的微信推广海报，会展示在低档、中档、高档手机等终端平台，所以应该设计符合高档手机显示的高清海报以兼容低端手机的视觉展示。因

此，在本案例中设置的文档尺寸为宽1242像素、高2208像素、分辨率72像素。

步骤/02 添加背景图案，避免背景的单调。将素材文件（素材\第5章\5.5.5bg.bmp）置入到当前设计文档中，并放置在页面适当的位置，如图5-104所示。

步骤/03 设计二维码存放的环境。首先将素材文件（素材\第5章\5.5.5zhgj.jpg）置入到当前设计文档中，并放置在页面适当的位置。其实际目的，是为了借助喜庆的中国结引导浏览者的视线，定位到我们的二维码上（营销设计的视觉落脚点），如图5-105所示。

图5-104　　　　　图5-105

步骤/04 添加二维码。将素材文件（素材\第5章\5.5.5erwm.bmp）置入到当前设计文档中，并放置在页面适当的位置。按Ctrl+T组合键，将二维码旋转45°，使其与中国结的放置角度相吻合。

步骤/05 添加微信推广海报的主要文案信息。微信推广海报的文案信息一定要突出显示，让碎片化的浏览者瞬间即可"扫描"其具体内容。选择工具箱中的横排文字工具，设置文字颜色为黑色，字号大小设置为73点，字体设置为"文鼎特粗宋简"，如图5-106所示。

步骤/06 强化文字信息。选择菜单中的"图层"｜"图层样式"｜"描边"命令，为文字

添加白色的描边效果，如图5-107所示。黑色的文字，白色的描边效果，使得色彩的对比十分强烈。

图5-106　　　　　　　图5-107

步骤/07 使用图形展示"领奖"的逻辑顺序。选择工具箱中的自定形状工具，在文档中绘制如图5-108所示的形状，然后在选项栏设置图形的填充色为红色。选择工具箱中的横排文字工具，输入文案内容，将文字颜色设置为白色，字号大小设置为33点，字体设置为"文鼎特粗宋简"；辅助文案字号大小设置为24点，字体设置为"文鼎特粗宋简"，如图5-109所示。

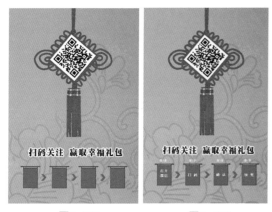

图5-108　　　　　　　图5-109

步骤/08 添加说明性文案内容。选择工具箱中的横排文字工具，输入文案内容，将文字颜色设置为#ea1417，字号大小设置为47点，字体设置为"文鼎特粗宋简"；辅助文案字号大小设置为24点，字体设置为"文鼎特粗宋简"，颜色设置为黑色，如图5-110所示。

图5-110

步骤/09 分割并强化版面的信息区域。选择"主要面向人群"文字所在图层，选择菜单中的"图层"｜"图层样式"｜"描边"命令，为文字添加白色描边效果。选择菜单中的"图层"｜"图层样式"｜"投影"命令，为文字添加黑色投影效果，如图5-111所示。

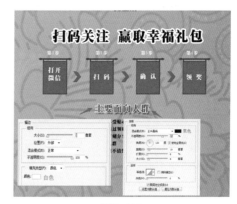

图5-111

步骤/10 添加图形，强化版面的分割。选择工具箱中的形状工具，在文档中添加椭圆形状和直线。在选项栏中为椭圆形状添加描边，颜色为白色，宽度为3点，如图5-112所示。

步骤/11 使用对称和重复美化版面。选择工具箱中的钢笔工具，在选项栏中设置绘制方式为"形状"，然后在页面的上方绘制两个三角形，设置填充色为红色。将素材文件（素材\第5章\5.5.5lw.psd）置入到当前设计文档中，然后按住Alt键不放，制作礼品的副本，使得页面的视觉效果更华丽，如图5-113所示。

图5-112

图5-113

步骤/12 至此，本案例的设计就基本制作完成了。

微信推广海报为了增加视觉效果的亲和力，需要添加必要的视觉符号。最简单、最直接的元素是能够被几乎所有的用户认知和理解。所以，可考虑直接将模拟微信Logo的视觉符号放置在页面中。最终设计效果如图5-114所示。

图5-114

多多益善：优秀设计案例欣赏

微信推广海报的设计看似简单，但实际并不简单，它包含了用户体验、浏览兼容性等诸多的细节及优秀的创意。考虑到移动用户使用微信"好玩"的特性，许多的设计技巧的确需要我们多总结。优秀设计案例效果如图5-115所示。

图5-115

5.6 "赢销"：电商视觉营销设计技巧提炼

在电商视觉营销设计中，可以充分利用图形将店面的营销逻辑展示得更为直观和清晰。这样，无形中就会增加产品对浏览者的说服力。

5.6.1 技巧提炼：用好图形，让信息展现更直观

在电商视觉营销设计中，凡是涉及与时间变化、流程、先后循序、服务步骤等有关的设计内容时，设计师都可以选用最简单、最直接的图形来展示信息，用很简单的图形，让信息可以展示

得更直观。此外，图形与指示标示（箭头）相结合，可以很好地引导浏览者的视线和注意力，如图5-116所示。

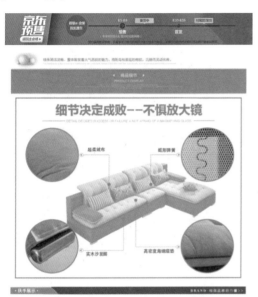

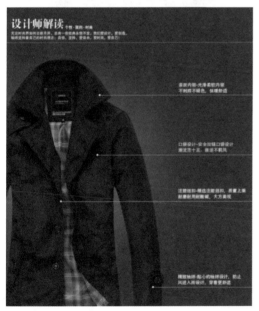

图5-116

5.6.2 技巧提炼：用好图形，让"赢销"重点更突出

在电商视觉营销设计中，图形是突出内容的展示利器，合理地使用图形，可以迅速吸引浏览

者的视觉关注，从而将图形内部的信息或周边信息内容实现快速的传递。图5-117所示的是设计师通过设计环形形状，将营销信息进行逻辑化陈列，使得页面信息不仅有条理，而且更突出。

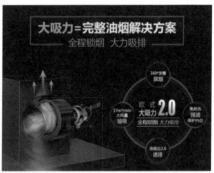

图5-117

5.6.3 技巧提炼：用好图形，让页面装饰更简练

简单地使用图形装饰页面，可以在最短的时间内为浏览者呈现店面不一样的面貌。当然，也需要用色彩进行一定的衬托。如图5-118所示，正是有了图形的修饰，才让页面整体显得十分的

简练，而如果取消必要的图形修饰，页面设计将粗糙很多，将不利于提升店面浏览者的体验满意度。

图5-118

5.6.4 技巧提炼：用好形状，让页面更具营销力

在电商视觉营销设计中，页面更具营销力的4个创意应用如下。

1.色彩与重复

重复使用图形进行店面布局，一方面使得页面整体很协调，另一方面也在悄无声息地起到串联浏览者视线的作用。同时，巧妙使用某种色彩作为页面的点睛色，对于吸引浏览者的视线关注，提高浏览者视线在页面的停留时间，都具有很大帮助，如图5-119所示。

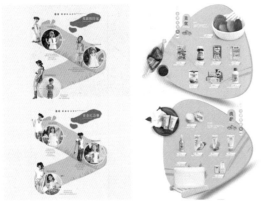

图5-119

2.图形填充与线条轮廓并存

图形填充与线条轮廓并存，可以让店面的版面划分更为清晰。形状与轮廓并存，可以让店面

的虚实对比更为清晰。这样的布局会让用户的眼睛在快速"扫描"店面过程中的阻力大幅降低，如图5-120所示。

图5-120

3.改变形状的放置角度和大小

形状很简单，只是简单地改变了形状的大小和存放的形态，就可以让店面的风格更为清晰，就可以让浏览者更清楚地发现版面中商品信息的陈列层次，如图5-121所示。

4.重复与矩阵

将图形进行重复排列，同时重视店面主次信息展示的需要。很显然，这样的设计会让页面显得更有秩序感，如图5-122所示。

图5-122

图5-121

第 6 章

"好色"才能"赢销"

章前导语 　电商视觉营销设计中的色彩对于强化画面整体的视觉印象，塑造视觉画面的整体风格都具有十分重要的作用，那么作为初学者，我们该如何选择适合的设计颜色呢？色彩在电商视觉表现中又有哪些作用呢？本章将与大家一起分享电商视觉营销设计中关于色彩的一些知识。

6.1 电商视觉营销设计：再谈色彩的 **3** 个基本属性

电商视觉营销设计中的配色就是通过色彩的3个基本属性（色相、明度、饱和度）的对比来控制广告版面的视觉刺激，实现配色在视觉营销中的效用。

6.1.1 再谈色彩的明度

明度就是色彩的明暗程度。如果将色彩的饱和度取出，明度最高的色为白色，最低的色为黑色，中间存在一个从亮到暗的灰色系列。在所有色彩中，任何一种纯度色都有着自己的明度特征。

利用好明度较低的颜色，可以很好地表现出产品的质感度、真实度、品质感、品牌感和价值感，比如在设计数码、化妆品、运动器械、移动硬件、男性用品、户外用具等产品时，较低色彩的明度可以很好地体现出产品的力量感，运动感，奢华感，品质感及男性特有的阳刚之气和稳重感，如果再匹配以大气、合理的版面设计，将瞬间提升产品现有的档次。

如图6-1所示为淘宝、京东商城中一些有气质格调的男性专用高端产品，因为设计师巧妙运用了色彩的明度，使得低明度的设计显得稳重而富有力量，产品与男性的性格特点十分吻合，这样无疑会吸引目标用户的点击与购买。

用好明度较高的颜色，可以很好地表现出产品的清爽、自然、舒适、健康、通透性。给目标用户传递一种健康、年轻、干净、纯洁、有活力的感觉，营造一种平静、舒适、自由的氛围。用好色彩的高明度，也可以展示出产品的品质感，

但品质感不同于低明度的图片，高明度的则可以体现出产品的清爽、透气和阳光的感觉。高明度的色彩搭配常见于女性服饰行业、零食行业、农特产品、生鲜水果等品类之中。相比较而言，高明度的色彩更容易用于女性用品中，快速展现女性本身所具有的飘逸、自由、柔美之感。

图6-1

如图6-2所示为淘宝、京东商城中某店铺女性春装类产品的设计海报，高明度的配色，结合春天所具有的独特活力，很好地将产品的特性与女性的健康之美传达出来。

图6-2

6.1.2 再谈色彩的饱和度

色彩的饱和度也叫色彩的纯度，指的是色彩的鲜艳程度，饱和度越高，色彩就显得越鲜艳，视觉冲击力也就越强烈，色彩的饱和度高低取决于所选颜色中色彩的比例和灰色的比例。色彩成分越大，饱和度越高；灰度成分比例越大，色彩饱和度越低。

高饱和度配色海报是在电商设计中，尤其是促销海报、促销专题页面设计中最为常见的一种手法。高饱和度的色彩应用于海报之中，会传递给目标用户一种热情、活力、健康、刺激、年轻的感觉。促销专题中设计师最喜欢使用高饱和度的红色和黄色，因为高饱和度的色彩还可以传递出一种廉价、热闹的促销感。

6.1.3 再谈色彩的色相

色相就是指色彩的基本相貌。我们眼睛能够感受到红、黄、紫、绿、蓝、橙、青等这些不同特征的色彩。正是由于不同色彩的存在，我们才能在现实和网络中感受到一个五彩缤纷世界的存在。

红色：红色的穿透力强，感知度高，很容易使人产生激动、兴奋、活泼、热情、发怒的感觉，从而产生温暖、积极、希望、忠诚、饱满、幸福等心理倾向。纯红色有很强的刺激感，降低红色的明度，也就是暗红色，可以体现出产品奢华的品质感。

例如，深红色是给人感觉庄严、稳重又热情的色彩，在电商视觉营销设计中可用来表现尊贵、福宾的场合；而红色中加入一点白色，形成粉红色时，红色又会产生柔美、梦幻、幸福、温雅的感觉。但是如果红色与绿色、橙色等颜色搭配，就会使广告版面整体形成巨大的反差，从而形成极不舒服的心理感觉。色彩应用案例，如图6-3所示。

图6-3

橙色：橙与红同属暖色，是介于红色和黄色之间的色彩。黄澄澄的梨、金黄色的稻谷、橙黄色的玉米，这些自然色彩的存在，使得橙色在电商视觉营销设计中常用来表现华丽、辉煌、温暖、欢乐、温情、愉快等。橙色中加入适当的黑色，会形成咖啡色，从而会形成一种甜蜜、稳重的色彩，而加入一些白色，又会形成一种明快、健康、快乐的暖色。需要注意的是橙色不要与深蓝色或紫粉色等色彩搭配使用，否则会使得广告版面显得很脏。总之，在广告设计中使用橙色，就应该把其明亮、活泼、成熟感的特性发挥出来。色彩应用案例，如图6-4所示。

图6-4

黄色：黄色是明度最高的色彩，具有希望、智慧、快乐、轻快、活泼的个性，在广告设计中可以给人以轻快、透明、光明、辉煌、希望、成功、诱惑等印象。黄色明度高，太过明亮，与其他颜色混合会失去其原有的面貌，在黄色中加入一些白色就会形成淡黄色或米黄色，从而会形成更加平和、温柔的休闲自然色，如果在黄色中适当增加一点黑色，就会形成深黄色，从而形成高贵、富贵和庄严的色彩。此外，黄色也很容易使人想起汉堡的味道、烘脆的饼干、炫耀的财富。黄色由于明度高，具有极易被人发现的特点，所以也常用来表示一种危险、警告、缓冲的心理感觉。色彩应用案例，如图6-5所示。

蓝色：蓝色与红、橙色相反，是冷色的代表色，在广告设计中给人以沉稳、冷静、理智、高雅的感觉。蓝色加入一点白色，会形成明朗而富有朝气的浅蓝色，为年轻人所钟爱；蓝色适当加入一点黑色或降低明度，就会形成沉着、稳定的深蓝色，是中年人比较喜爱的色彩。反过来，如果在蓝色中适当增加一点黄色，就会形成具有暖味的群青色，给人以大度、庄重的印象。但也要注意，蓝色不宜与红色、棕色等色彩相配色，否则只会使得广告版面暗淡无光，给人一种脏兮兮的感觉。色彩应用案例，如图6-7所示。

图6-5

图6-7

绿色：在大自然中绿色所占的面积很大，春天是刚出土的嫩绿色小草、夏天是生机盎然的枝叶、初秋是茂密的枝叶，即使是在寒冬，也可以四处看到苍翠的青松和路旁的四季青。所以绿色就是生命的象征，可以给人以青春、朝气、健康、安详、新鲜等感觉，可以产生消除疲劳、调节情绪的特殊功效。在广告设计中，黄绿色的朝气，颇受儿童及年轻人的欢迎，而蓝绿是海洋、深绿是森林的色彩，是各大中型卖家所钟爱的颜色。因为它传达出了卖家稳重、睿智、博大的企业经营内涵。色彩应用案例，如图6-6所示。

紫色：紫色是介于暖色与冷色之间的色彩。紫色的明度在所有色彩中是最低的，所以，在广告设计中紫色很容易给人以高贵、优美、奢华、浪漫、优雅、神秘的感觉。如果为紫色加一点浅灰，会形成红紫或蓝紫色，从而也会散发出幽雅、神秘的时代感，这也是在广告设计中表现现代生活所广泛采用的色彩；如果在紫色中加入一些白色，也会使紫色传达出更加优美、动人的感觉。色彩应用案例，如图6-8所示。

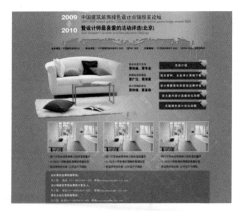

图6-6

图6-8

黑色和白色：黑色为无色相、无纯度之色，常给人沉静、神秘、严肃、庄重、含蓄的感觉。黑色的组合应用很广，在广告设计中无论是什么鲜艳的纯色，与黑色相搭配，都能取得赏心悦目的视觉效果。但是黑色不要大面积地过度使用，否则其独特的魅力会减弱，而传达出阴沉、恐怖的感觉。白色在广告设计中给人以纯洁、无瑕、纯真、清白、朴素、卫生、恬静的感觉。在白色的衬托下，版面的整体效果会显得更加整洁和无瑕，其他的色彩也会显得更清晰。色彩应用案例，如图6-9所示。

图6-9

灰色：灰色是中性色，其明度介于黑和白之间，作为背景色彩非常理想。其突出的性格为柔和、细致、平稳、朴素、大方，任何色彩都可以和灰色相混合，在广告设计中巧妙地使用灰色，可以给人以高雅、稳重、含蓄、细腻、精致的高档感觉。但是，版面中如果包含太多的灰色，也会给人以忧郁、寂寞、无聊的感觉。色彩应用案例，如图6-10所示。

图6-10

光的感觉：除金、银贵金属以外的色彩，在增加一定的光泽后，都可以传达一种光芒四射、华美闪耀的视觉效果，给人以荣华富贵、富丽堂皇、雅致高贵的感觉。光与所有的色彩都可以搭配小面积的光点缀，可以快速实现醒目、提神的作用，大范围地运用光影，会无形中渲染画面的绚丽与浮华。总之，光与色是密不可分的同胞兄弟，使用得当，不仅能起到画龙点睛的作用，而且会产生强烈的华丽美感。光影应用案例，如图6-11所示。

图6-11

6.2 电商设计的配色技巧

6.2.1 懒一点，就用单色

所谓单色，就是在设计中明确一种颜色，然后将所选择色进行延伸，当然为了调节版面的颜色，也可适当加入轻微的小面积的辅助色，从而增强视觉效果的流动性。首先，最直观的做法就是保持所选颜色的色相不变，更改颜色的明度变化；其次，在改变颜色明度的同时，轻微地改变颜色的色相，这样页面的视觉效果会显得很有层次，注意不要变化太大，不然过犹不及，就失去原有的设计初衷了。

大卖家店铺不仅仅是销量做得好，只要我们仔细观察它的店面设计，就会发现，设计师的色彩应用同样值得初学者学习和借鉴。当然，"偷学"并不是让大家去抄袭，更多地让大家有一种借鉴的途径和方式。

（1）找一家比较优秀的店铺，运用截图工具，将店面截图，然后复制到Photoshop软件中，选择吸管工具，在相应的颜色上单击鼠标，然后打开拾色器对话框观察色彩的HSB值，从中获得色彩的明度、饱和度、色相等信息。

（2）在拾色器对话框中更改"偷来"的颜色的明度或色相数值，然后建立自己的配色方案，在设计页面时即可轻松应用了。

（3）在如图6-12所示中可以发现，虽然文案的色彩发生了改变，但在拾色器对话框中依然可以清晰地看到尽管颜色不同，但它们的明度是相同的。

（4）同样的道理，如图6-12所示中可以发现，虽然文案的色彩明度发生了改变（由51提升为86），但在拾色器对话框中依然可以清晰地看

到颜色的色相并没有发生变化。

图6-12

6.2.2 巧用产品或模特的颜色

如果我们为特定的品牌设计店铺页面，不妨参考一下产品官方标志的颜色。如果标志是单色，那么我们可用该单色作为主色，然后再运用黑、白、灰组成零度对比，或者加入其他色彩，产生调和对比或强烈对比的色彩方案。如果标志有多种颜色，那么我们不妨直接借用标志的颜色，直接使用即可。

如图6-13所示，是官方标志为黑色，然后设计师巧妙地添加红色和蓝色所设计的网店界面效果。

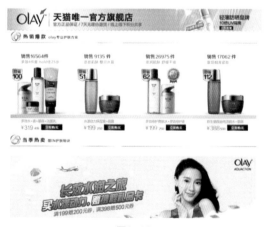

图6-13

6.2.3 储备两个常用的配色网站

当我们一时间无法获得满意的配色方案时，可借助一些配色网站来获得满意的效果，这样可以有效地提升我们设计用色的专业性。本节内容将与大家一起分享两个不错的配色资源。

1.ColorBlender

ColorBlender是一款非常有趣的免费在线网页配色工具，首页提供了多种互联网上最流行的经常搭配在一起的6种基本色，我们可以选择其中符合自己店面风格的6种基本色，然后利用拾色工具进行微调，得到所喜欢的颜色。

我们只需在左下角的Edit Active Color部分输入指定颜色的RGB数值，系统即可提供若干种色彩搭配的解决方案，如图6-14所示。

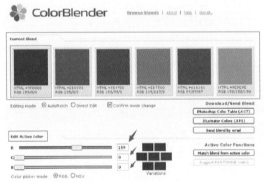

图6-14

2.color hunter

我们可以将该网站看作是一个以色系搜索图片的搜索引擎，它既可以分析出图片的主体色调，也允许通过上传图片的主体颜色搜索出同一色系的素材图像，如图6-15所示。例如，如果我们希望在产品的图像上添加文案内容，那么，我们到底选用什么颜色好呢？利用这个网站，就会给出满意的解决方案！这一点，对于学习网店设计的初学者而言，非常难得。

图6-15

6.3 电商设计中炼就"好色"的4种吸色大法

作为初学者，我们该如何更快、更好地找到满意的配色方案呢？本节内容将与大家一起分享电商设计中炼就"好色"的4种吸色大法。顺便透露一下，本节与大家分享的配色方法来源于CorelDRAW软件，如图6-16所示。

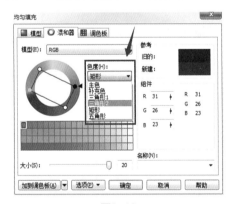

图6-16

6.3.1 三角形配色法

三角形配色法，如图6-17所示，我们可以理解为三色配色，也就是在配色时先选定一种颜色作为主色，另一种颜色作为辅助色，但在实际应用中要把握好颜色相互之间的比例关系。根据经验，我们可以按照6:3:1，即主色占全部版面色彩的60%，辅助色约占全部版面色彩的30%，辅助色约占全部版面色彩的10%，按照这样的比例关系来选色和用色。

三角形搭配

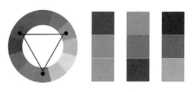

图6-17

做好电商视觉营销设计，用色越少越好，颜色少画面就简洁，页面的干扰色就会减少，设计师就越容易控制画面的视觉营销要素。当然，为了营造热烈的营销氛围，在促销专题设计中也会使用数量众多的色彩来烘托设计的主题。

6.3.2 "互补+类似"式配色法

"互补+类似"式配色法，如图6-18所示，也就是我们在配色时先选定一种颜色作为主色，然后以主色的补色作为参考色，在色环上分别顺时针、逆时针移动一定的角度，获得补色的类似色的一种配色方法。这种配色方法可以很好地借助色彩的对比度获得强烈的视觉冲击效果，同时又很好地弥补了单纯的补色所带给版面视觉不稳定的不足。

分裂互补色搭配

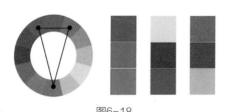

图6-18

这样的配色方法，在色彩的使用数量上同样比较简单，我们在化妆品、数码、家电等行业的产品海报、专题页面首页设计案例中经常可以看到，产品及营销文案在高对比度背景色的映衬下，显得十分清晰，巧妙地提升了店铺和产品的档次。

6.3.3 四边形配色法

四边形配色法，如图6-19所示，也就是我们在配色时首先在色环上绘制一个四边形，然后将四边形的4个角点处的颜色作为设计用色。在实际应用时，其中一个颜色作为主色，另外3种颜色可作为辅助色。

这种配色方法，看上去所选色彩的数量较多，但仔细观察，我们就会发现，其实质就是要求电商视觉营销设计师在设计中可以选用任意两组不同的互补色作为设计用色，来完成相应的设计效果。如果我们再仔细观察，还会发现，四边形中任意相邻的两种颜色的角度差约为120°，这样的选择效果既做到了色彩的对比，又在一定程度上保证了画面色彩的近似性。

四方色/四方补色

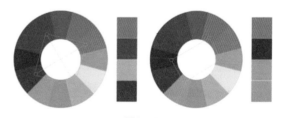

图6-19

6.3.4 4种常用的色彩调和配色法

两种或两种以上的色彩合理搭配，产生统一和谐的效果，通常称为色彩调和。在电商视觉营销设计中，色彩调和的方法主要包括相同色调和、类似色调和、对比色调和和渐变色调和，本节内容将与大家一起分享这4种色彩调和的具体表现。

1.相同色调和

相同色彩搭配是指首先选定一种色彩，然后调整其透明度和饱和度，将色彩变淡或加深，而产生新的色彩，这样的页面看起来色彩统一，具有层次感。如图6-20所示的是店铺界面中的色彩以产品色为源色，通过其饱和度及明暗度的变化，使得网页的层次感十分清晰。

图6-20

2.类似色调和

类似色是指在色环上相邻的颜色，如绿色和蓝色、红色和黄色即互为类似色。采用类似色搭配，可以使网店页面避免色彩杂乱，易于达到页面和谐统一的效果。图6-21所示为设计师使用了红色和红偏黄的店面设计效果。

3.对比色调和

所谓对比色，主要是指在色环上相互夹角互为180°的任意两种颜色。对比色调和可通过在对比色之间混入黑色、白色、灰色来实现。在互为补色的色彩双方，混入白色，其明度提高，纯度降低，刺激力减弱。而混入黑色，会使双方的明度、纯度降低，对比减弱。混入灰色调和，实际上是在对比色的双方同时混入白色与黑色，使双方的纯度降低，色相感削弱。通过合理使用对比色，能够使店铺特色鲜明、重点突出，

如图6-22所示。

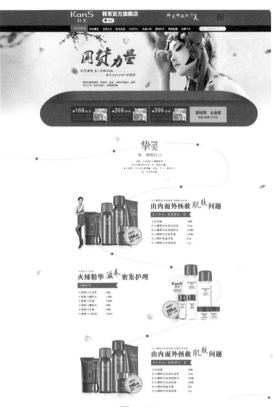

图6-21

图6-22

4.渐变色调和

渐变色调和主要是指在任意两种颜色之间按照阶次变化、明暗变化、浓淡变化等进行平滑过渡式的色彩混合。这种方式的色彩混合受色彩明度的影响，很容易在实际应用中创建出具有空间感和远近感的视觉效果，如图6-23所示。

图6-23

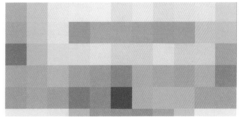

图6-25

6.3.5 "偷学"大卖家的配色技巧

设计之前,设计师可选择一家销量比较好的店铺作为参考样本。本节内容将与大家一起分享如何通过"偷学"大卖家的配色技巧,快速获得设计所需的配色方案。

具体操作步骤如下。

步骤/01 首先明确设计的主题,然后选择一家与我们的设计方案相吻合的店铺作为参考样本。假设我们要设计一个绿色、健康的农特产品店铺,目的是希望通过视觉设计表现出"自然、健康"的诉求要点。

步骤/02 选择一幅参考图像,如图6-24所示。

图6-24

步骤/03 在Photoshop软件中打开所选择的图像文件,选择菜单中的 "滤镜" | "像素化" | "马赛克"命令,在弹出的"马赛克"对话框中调整"单元格大小"数值,直到获得满意的配色方案,如图6-25所示。

步骤/04 接着将"马赛克"图像保存,只需在设计店铺页面时,灵活选择适合的颜色即可。

步骤/05 如果还想获得更为明亮或稍暗一些的配色方案,只需按Ctrl+J组合键,创建"马赛克"图像的副本图层,然后更改图层混合模式为"柔光"或"正片叠底",如图6-26所示。

图6-26

6.4 设计案例分享

6.4.1 色彩应用案例：电商收藏区设计

高饱和度的色彩识别度通常高于低饱和度的图像。本节内容将借助色彩的饱和度变化，来制作一个电商收藏区的视觉设计案例。最终设计效果如图6-27所示。

图6-27

具体操作步骤如下。

步骤/01 新建一个空白文件，然后将素材文件（素材\第6章\6.4.1熨斗.png）置入到当前设计文档中，调整其大小，并放置在页面适当的位置。

步骤/02 创建自然饱和度调整图层，强化产品的色彩饱和度，增强产品的可识别度。具体参数调节及设计效果如图6-28所示。

图6-28

图6-28（续）

步骤/03 创建产品的倒影。按Ctrl+J组合键，创建产品素材图像的副本图层，然后将素材文件进行垂直翻转。在"图层"面板中为其添加图层蒙版，将前景色设置为黑色，然后使用画笔工具在蒙版中涂抹，遮盖不需要显示的区域，如图6-29所示。

图6-29

步骤/04 添加修饰素材，对产品进行适当的渲染。置入素材文件（素材\第6章\6.4.1花瓣.psd），然后调节其大小，并放置在页面适当的位置。选择工具箱中的橡皮擦工具，擦除页面中多余的花瓣，降低素材对产品对象的干扰，如图6-30所示。

图6-30

步骤/05 绘制图形并填充色彩。选择工具箱中的圆角矩形工具，绘制一个圆角矩形。然后选择工具箱中的删除锚点工具，在多余的锚点处单击，删除多余的锚点。按Ctrl+T组合键，适当旋转形状，并在选项栏中更改形状的填充色为#e50e5b，如图6-31所示。

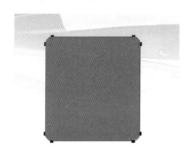

要删除的锚点

图6-31

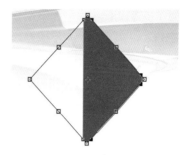

图6-31（续）

步骤/06 绘制其他形状，添加文案内容。选择工具箱中的横排文字工具，输入相应的文案内容。设置文案的颜色要注意图形、文案颜色的连续性和一致性。依次选择工具箱中的椭圆工具和矩形工具，分别绘制一个圆形和矩形，并用# e50e5b色填充形状，如图6-32所示。至此，本案例设计制作完成。

图6-32

6.4.2 色彩应用案例：电商客服区设计

色调氛围可以影响用户的心理。本节内容将借用橘黄色的暖色调来制作一个电商客服区的设计案例。最终设计效果如图6-33所示。

图6-33

具体操作步骤如下。

步骤/01 新建一个空白文件，将素材文件（素材\第6章\6.4.2bg.png）置入到当前设计文档中，调整其大小，并放置在页面适当的位置。

步骤/02 选择菜单中的"滤镜"|"模糊"|"高斯模糊"命令，对素材文件进行模糊处理，使画面的暖色调更加柔和，如图6-34所示。

图6-34

步骤/03 置入素材文件（素材\第6章\6.4.2kefu.psd），然后将其放置在页面中适当的位置。打开"图层"面板，创建"自然饱和度"调整图层，增加图像的饱和度，使画面的暖色调更加突出，进而与背景的色调形成呼应，如图6-35所示。

图6-35

图6-35（续）

步骤/04 添加标题文案并设置文案的颜色。使用工具箱中的横排文字工具输入相应的文案内容。分别将前景色设置为#fdaa6b，将背景色设置为#fa6500。打开"图层"面板，为文案内容添加"渐变叠加"、"描边"以及"投影"图层样式，如图6-36所示。这样，就可以在保证页面色调统一的前提下增加文案的可识别性。

图6-36

步骤/05 将随书附带的二维码以及客服素材文件置入到当前设计文档中，并放置在页面适当的位置，如图6-37所示。在此要注意各个元素之间保持对齐。

图6-37

步骤/06 添加醒目的分割线。新建一个空白图层，并将其命名为"分割线"。选择工具箱中的铅笔工具，设置笔刷的直径为1像素，然后在文档中依次绘制垂直的白色线段和深灰色线段，如图6-38所示。在此要保持两条线段紧密相邻。

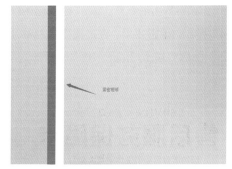

图6-38

步骤/07 选择工具箱中的橡皮擦工具，设置橡皮擦的不透明度，然后在线段上进行涂抹，擦出多余的区域，从而形成具有高亮效果的分割线。完成后的效果，如图6-39所示。

图6-39

6.4.3 色彩应用案例：售后服务保障卡设计

售后服务保障卡是电商实现和提高用户体验满意度的重要环节。本节内容将通过运用色彩面积色大小变化来制作一个售后服务保障卡的设计案例。最终效果，如图6-40所示。

图6-40

具体操作步骤如下。

步骤/01 新建一个空白文件，然后将素材文件（素材\第6章\6.4.3bg.png）置入到当前设计文档中，调整其大小，并放置在页面适当的位置，如图6-41所示。

图6-41

步骤/02 置入素材文件（素材\第6章\水墨.psd、红包.png），然后将其放置在文档适当的位置，如图6-42所示。在此要注意素材文件放置的先后顺序，以便于后续为素材文件添加剪贴蒙版。

图6-42

步骤/03 为素材文件添加剪贴蒙版。选择菜单中的"图层"｜"创建剪贴蒙版"命令，为素材文件添加剪贴蒙版效果，如图6-43所示。此时我们即可发现红包已被很好地"装入"水墨中。

图6-43

步骤/04 选择工具箱中的横排文字工具，在文档中输入相应的文案内容。输入时要注意文字字号大小的调整，以保证文案内容的层次合理。

步骤/05 为文案内容添加图层样式。打开"图层"面板，为文案内容添加黑色的"投影"图层样式和白色的"描边"图层样式，如图6-44所示。在此需要注意各选项的数值不要设置得太大，否则页面会显得很脏。

图6-44

图6-44（续）

步骤/06 绘制矩形形状，呼应页面中的红色。新建一个空白图层，并将其命名为"图形"。选择工具箱中的矩形工具，在文档中绘制一个填充色为红色的矩形，如图6-45所示。然后新建一个空白图层，并将其命名为"阴影"。选择工具箱中的多边形套索工具，在文档中绘制如图6-46所示的阴影效果。在此需要注意的是，将"阴影"图层放置于"图形"图层的下方。

图6-45

图6-46

07 再次绘制矩形。新建一个空白图层，绘制一个矩形并用深红色进行填充。打开"图层"面板，适当更改形状图层的不透明度，使得整体的效果更自然。然后使用工具箱中的横排文字工具添加相应的文案内容，如图6-47所示。

图6-47

 08 添加修饰光晕。将素材文件（素材\第6章\光晕.png）置入到当前设计文档中，按Ctrl+T组合键，更改素材文件的大小，并放置在页面适当的位置，如图6-48所示。

图6-48

 09 完善光晕效果。打开"图层"面板，设置图层的混合模式为"滤色"，快速消除背景色。选择工具箱中的橡皮擦工具，设置笔刷的不透明度，然后在文档中进行涂抹。删除多余的效果，使得光晕更自然，如图6-49所示。至此，本案例制作完成。

图6-49

6.4.4 色彩应用案例：微商产品官网设计

本节内容将通过设计一个美容类网站，与大家一起体验电商网站界面设计中如何应用色彩对比、色彩呼应、如何用色彩引导视线的设计技巧。最终设计效果，如图6-50所示。

图6-50

具体操作步骤如下。

步骤/01 建立网站的基本结构。首先创建一个新文档，将背景色设置为白色，页面大小设置为960像素×900像素。然后通过拖曳辅助线，创建出网页界面的基本布局结构，如图6-51所示。

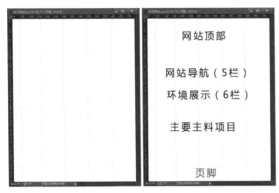

图6-51

步骤/02 Banner背景图像的选择。客户要求制作Banner与导航相结合的视觉效果，所以在此考虑选用一张比较具有代表性的美容图像作为主体图像（素材\第6章\美容.jpg），如图6-52所示。

图6-52

步骤/03 Banner背景图像的调整。置入素材图像后，可以发现图像的色彩饱和度不高，同时照片的透视效果不明显，所以首先创建色相/饱和度调整图层，改善图像的饱和度，然后使用黑色柔性笔刷在蒙版中涂抹，遮盖多余的调节区域，如图6-53所示。

图6-53

步骤/04 Banner背景图像的调整。继续创建色相/饱和度调整图层，改善图像中模特头发的色彩饱和度，如图6-54所示。

图6-54

步骤/05 盖印图层，然后将其转换为智能对象，然后通过添加"高斯模糊"滤镜来改善图像的层次感和透视效果。整体效果调整完成后，即表现出"人面桃花"的亮丽效果，如图6-55所示。

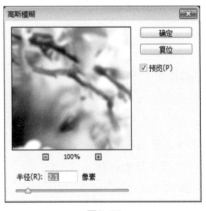

图6-55

图6-55（续）

步骤/06 素材图像对比度的调整。置入素材文件（素材\第6章\化妆笔.jpg），通过增加图像的对比度，使化妆笔与人物图像很好地形成先后关系。然后添加图层蒙版，使用黑色笔刷将素材图像中多余的背景色遮盖，如图6-56所示。

图6-56

步骤/07 盖印图层，并将其命名为"主页"，实现模特与化妆笔合并为一张图像。然后使用圆角矩形工具，绘制如图6-57所示的圆角矩形。

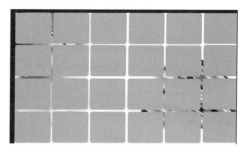

图6-57

提示 注意，为了使圆角矩形都可以应用剪贴蒙版，需要将所有的圆角矩形进行栅格化。

步骤/08 将所有的圆角矩形合并图层，然后将其移动至"主页"图层的下方。选中"主页"图层，选择菜单中的"图层"|"创建剪贴蒙版"命令，制作如图6-58所示的矩阵效果。

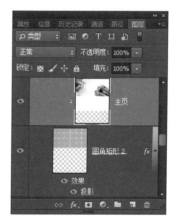

图6-58

步骤/09 为了增加矩阵形状的立体感，可以为矩阵添加"投影"图层样式，如图6-59所示。此处需要注意力度不要太大，否则页面就会显得很脏。

图6-59

图6-61

步骤13 添加网站的标志。使用相同的方法绘制一个圆角矩形，然后置入网站的标志。为了增加标志的可识别性，可以为标志添加"投影"图层样式，效果如图6-62所示。

图6-62

步骤10 选择工具箱中的横排文字工具，输入相应的文案内容。在输入英文字体时，需要选择一种能够体现贵族风范的字体。

步骤11 创建导航。选择工具箱中的圆角矩形工具，然后绘制如图6-60所示的圆角矩形，并将填充色设置为#ffcc66。主要目的是向浏览者传递一种成熟可靠的感觉，增加浏览者对美容技术的信任。然后使用横排文字工具输入相应的文案内容。

步骤14 用细节修饰标志。置入素材文件（素材\第6章\高光.png），设置图层的混合模式为"滤色"，然后继续创建色相/饱和度调整图层，设置高光的明度以及饱和度，如图6-63所示。

图6-60

步骤12 制作鼠标经过的当前状态。使用工具箱中的圆角矩形绘制一个圆角矩形，填充色设置为#ff9933，然后设置图层混合模式为"叠加模式"，效果如图6-61所示。

图6-63

步骤/15 页面中部导航的制作。绘制一个矩形选区，将前景色设置为白色，将背景色设置为#e9eaea，然后使用工具箱中的渐变工具制作出由前景色到背景色的线性渐变效果，如图6-64所示。

图6-64

步骤/16 为矩形描边。保持选区，按Shift+F5组合键，然后使用背景色#e9eaea为选区描边，这样可以减少因为创建选区所带来的"毛边"，如图6-65所示。

图6-65

步骤/17 创建扁平化导航按钮。使用#ff0099色作为第一个按钮的颜色，是为了呼应主体图像的色彩；使用#990066色作为第二个按钮的颜色，是为了表现出美容效果的高贵性；使用#3399ff色作为第三个按钮的颜色，是为了表现美容效果的技术性和创新性；使用#ff9933色作为第四个按钮的颜色，是为了呼应主体导航条的色彩；使用#339900色作为第五个按钮的颜色，是为了表现出美容器械的可信赖性。然后使用横排文字工具输入相应的文案内容。制作完成后的效果如图6-66所示。

图6-66

步骤/18 添加美容会所的环境照片（素材\第6章\环境.jpg），创建亮度/对比度调整图层，增强图像的明度；创建照片滤镜调整图层，是为了保持环境图像色调的一致性。"亮度/对比度"和"照片滤镜"的"属性"面板的设置如图6-67所示。调整后的效果如图6-68所示。

图6-67

图6-68

步骤/19 添加翻页按钮。新建一个空白图层，并将其命名为"翻页按钮"。选择工具箱中的多边形选框工具，绘制一个10像素×10像素的三角形选区，然后使用#990099填充选区。取消选区后创建其副本，即可得到两侧的翻页按钮，如图6-69所示。

图6-69

步骤 20 呼应主导航条的色彩，继续使用#ffcc66色作为页面中部的导航条颜色。

步骤 21 将前景色设置为#990099，选择工具箱中的铅笔工具，将直径设置为1像素，设置笔刷的"间距"值为390%，绘制多条虚线。然后使用工具箱中的横排文字工具输入文案内容，如图6-70所示。

图6-70

步骤 22 添加页面必需的修饰物。这些修饰物虽小，但确实是必不可少的元素，如图6-71所示。我们正是通过这些细节体现出美容会所提供的细致入微的美容服务。

图6-71

步骤 23 页脚部分的制作。综观整体效果，我们可以发现有点头重脚轻，所以可添加一些必要的色块来平和页面的重心。继续将前景色设置为#ffcc66，然后使用矩形工具绘制矩形，选择菜单中的"图层"｜"图层样式"｜"图案叠加"命令，选择一种适当的图案进行填充。

步骤 24 输入页脚所需要的文案内容，完成后的效果如图6-72所示。至此，本案例制作完成。

Copyright © 1991-2013   陕ICP备2012302038669号-4
咨询/预约电话:029-66666666 77777777 免费电话：4000-333-321
地址：西安市碑林区长安北路1245号

图6-72

第7章

店招

在电商视觉营销设计中，店招是电商平台中各个卖家店铺打造其自身品牌符号的主要载体之一，看似很渺小，但实际上，它却可以起到引导浏览者产生记忆，进而唤醒用户购买行为的作用。所以，店招不仅仅是装饰页面。本章将与大家一起分享电商视觉营销设计中关于店招设计的一些技巧。

7.1 认识店招

淘宝店招对于整个店铺的装修是很重要的，用户进入店铺，首先看到的就是店铺的店招，通过店招，用户可以直观感受到店铺的风格、档次、营销定位等。

7.1.1 记忆品牌

店招一定要凸显品牌的特性，让客户很容易就弄清楚我们的店铺是卖什么的，包括风格、产品特性、品牌文化等。

店铺店招的风格是网店整体风格的一部分，是用户记忆店铺品牌的重要因素之一，它可以很容易让目标用户发现并找到归宿感。

用户浏览店铺都带有很强的目的。好的店招会让用户快速知晓店铺主营方向，迅速知晓店铺卖的是什么档次的产品；在卖家越来越注重社群营销的年代，卖家也会通过店招，向用户传达店铺的品牌文化，进而增强目标用户的黏度。

7.1.2 店招设计要注意的基本要求

一则成功的店招，对于提升浏览者的浏览体验、提升访问者的转化都具有十分重要的作用，而在具体的店招设计中，必须要注意以下4个基本要求。

1.便利性

所谓便利性，主要是考虑到淘宝店铺的运营性质，作为商家，我们的导航就应该像商场的咨询台那样，能够及时为浏览者提供整个店铺区域内的导航，包含店铺内全部的商品导航、服务导航等。

2.易用性

要考虑到购物者的浏览心态，最大限度地为

访问者提供访问产品的入口通道，同时也要考虑到页面和页面之间、产品和产品之间的跳转。

3.易懂性

导航的设计在形态展示上、文字信息表述上应易于理解，不能出现各种形式的歧义。

4.明确性

无论设计何种形式的导航，都应该让访问者随时清楚自己的所在位置，进而引导访问者查找所需要的商品信息。

7.1.3 从浏览者角度设计店招

既然店招要为浏览者服务，设计师在设计导航时就必须知道浏览者的访问特征有哪些？需要网店提供哪些服务？这一点与我们在实体店购物所呈现的逻辑是一样的，所以作者认为，必须注意以下两点。

（1）凡是进入店铺的浏览者，不外乎包括初次进店的客户、收藏店面而进入的客户、已经熟悉店面的老客户。

（2）用户的类别不同，他们进入店面所关心的、所要了解的信息内容就会有所不同。

新客户：没有明确的目的，更多是快速查找是否有自己心仪的产品，所以让店铺的明星产品通过恰当的图文宣传"跳"出来，就显得很重要。他们更关心的内容主要是价格、产品功能、款式尺寸、使用方法、售后保障等。

老用户、收藏店面的客户：主要包括是否有新款上市、价格是否有所变化、店面何时出现促销等内容。

7.1.4 店招设计需要掌握的技巧

店招的设计，最直接、最简单的方式就是使用文字，但随着人们审美要求的提高及互联网技术的发展，我们也可以采用更能凸显店铺风格的各种立体化按钮来实现。本节内容将与大家一起分享导航设计需要掌握的4点技巧。

1.店招的层次要简单

不管是直接使用文字设计，还是使用图形按钮设计，都应该尽可能地简单、直观，在层次设计上尽可能地不要超过2层，否则就会显得很烦琐。

2.不要隐藏

有些店面，为了节省空间，特意将一些内容进行隐藏，作者认为不太可取，因为设计师不能完全按照自己的思维方式而将自己的习惯与浏览者的行为进行强行统一。店招最终的使用者是浏览者，而非设计师。

3.店招内容必须清晰易懂

不要让进入网店的每一位浏览者在浏览店招时有所思考，他们是不用思考的，他们最简单的方式就是关闭店面的页面而强行退出。所以店面的店招设计要清晰易懂，即使页面中有需要重点强调的产品信息出现，设计师也应该尽可能地使用有别于导航颜色的色彩，以做到页面色彩与导航色彩在视觉上始终有清晰的区别。

4.让按钮的点击更容易

按钮的作用就是暗示浏览者做出行为变化，所以导航按钮的设计要直观简单，不要出现让浏览者"猜"的情况，更不要为了设计按钮而刻意使用一些特效。

7.2 设计案例分享

7.2.1 品牌特色鲜明的农特产品店招设计

品牌特色鲜明的农特产品店招设计，可借助产品的颜色来强化用户对品牌的认知度，同时借助背景色与产品色之间的对比，来强化整体的视觉效果。本节内容将与大家一起分享一个京东商城的农特产品店招设计案例。最终设计效果如图7-1所示。

图7-1

具体操作步骤如下。

步骤/01 新建一个空白文档，将宽度设置为1920像素，将高度设置为150像素。这里是为了满足用户的特殊需要而设置的宽屏店招。其中店招内容宽度为110像素，导航高度为40像素。

步骤/02 载入素材文件，制作背景。将素材文件（素材\第7章\bj001.jpg）置入到当前设计文档中，并将其调整到页面适当的位置。

步骤/03 借用滤镜制作通透的背景效果。选择素材文件所在图层为当前图层，选择菜单中的"滤镜"｜"模糊"｜"高斯模糊"命令，适当调节其模糊的数量，完成店招背景的制作，如图7-2所示。

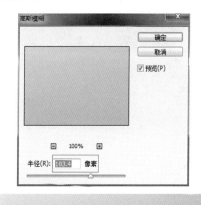

图7-2

步骤/04 添加店铺的Logo。将素材文件（素材\第7章\logo.psd）置入到当前设计文档中，然后使用工具箱中的移动工具将其移动至页面适当的位置，如图7-3所示。

图7-3

步骤/05 添加产品包装。将素材文件（素材\第7章\产品包装.psd）置入到当前设计文档中，使用工具箱中的移动工具将其放置到页面适当的位置。按Ctrl+J组合键，创建"产品包装"的副本图层。

步骤/06 制作倒影。选择"产品包装"的副本图层为当前图层，选择菜单中的"编辑"｜"变换"｜"垂直翻转"命令，然后在"图层"面板中为其添加图层蒙版。选择工具箱中的画笔工具，将前景色设置为黑色，然后在图层蒙版中进行涂抹，遮盖多余的区域，完成产品倒影的制作，如图7-4所示。

图7-4

步骤/07 将前景色设置为#e62235，选择工具箱中的自定义形状工具，在选项栏中选择"形状"下拉列表中相应的自定义形状。按Ctrl+T组合键，旋转图形的角度，将其调整至适合的效果。然后选择工具箱中的横排文字工具，输入相应的文案内容，如图7-5所示。

步骤/08 版式优化。选择工具箱中的移动工具，适当调整Logo的位置和产品包装以及标签的位置，使版面的对称效果更具有美感，版面的整体更加平衡，如图7-6所示。

图7-5

图7-6

步骤/09 添加文案。选择工具箱中的横排文字工具，添加相应的文案内容。保持前景色#e62235不变，设置背景色为#c41021。然后为文案内容添加"渐变叠加"和"投影"图层样式（投影的颜色设置为#76520c），使得店招的整体色彩布局更具有连贯性。图层样式设置及效果如图7-7所示。

图7-7

图7-7（续）

步骤/10 添加高光线，做好版面的分割，强化店招内容的层次感。新建一个空白图层，选择工具箱中的单行选区工具，在文档中单击，制作一条单行选区。按Alt+Delete组合键，用前景色#e62235填充选区，如图7-8所示。

图7-8

步骤/11 优化高光线的视觉效果。按Ctrl+D组合键，取消选区。选择工具箱中的橡皮擦工具，在文档中进行涂抹，擦除高光直线两端多余的内容，使得高光线更具视觉美感，如图7-9所示。

图7-9

步骤/12 添加辅助文案，完成整体店招效果的制作。选择工具箱中的横排文字工具，在文档中输入相应的文案内容，更改文字的颜色为#e62235。打开"字符"面板，设置文字的字号大小及间距，如图7-10所示。

图7-10

步骤/13 版式设计总结。在本案例中借用对称的设计技巧，以一条高光线作为连接，使版面的对称效果醒目而突出。这一点是我们应该特别掌握的技巧。

步骤/14 选择工具箱中的矩形工具，绘制

一个宽为1920像素、高度为40像素的矩形。将填充色设置为#e62235，然后使用工具箱中的横排文字工具输入相应的文案内容。至此，农特产品的店招设计制作完成。

7.2.2 高品质品牌男装店铺的店招设计

以突出品牌形象为主题的网店店面，在设计店招时可利用留白的方式来实现。具体来讲，首先通过光影来确定店招版面的视觉中心，然后通过设计细节的提升，来凸显品牌的形象。本节内容将与大家一起分享一个高品质男装店铺的店招设计案例。最终设计效果如图7-11所示。

图7-11

具体操作步骤如下。

步骤/01 创建店招的背景。新建一个空白文档，将宽度设置为950像素，将高度设置为120像素。将前景色设置为#b6975f，将背景色设置为#a2834e。选择工具箱中的渐变工具，制作如图7-12所示的径向渐变效果。目的是让店招的背景基色更有质量感，从而与品牌形象相符合。

图7-12

步骤/02 用光影提升品牌的视觉美感。新建一个空白图层，并将其命名为"光影"。将前景色设置为白色，将背景色设置为黑色。选择工具箱中的渐变工具，制作如图7-13所示的径向渐变效果。

图7-13

步骤/03 设置图层。在"图层"面板中设置图层的混合模式为"叠加"，"不透明度"设置为40%，效果如图7-14所示。

图7-14

步骤/04 定义背景图案。新建一个空白文件，将"背景内容"设置为"透明"，文档大小设置为3像素×3像素。将前景色设置为黑色，选择工具箱中的铅笔工具，在选项栏设置笔触的直径大小为1像素。在文档中连续单击鼠标，制作如图7-15所示的图案效果。

图7-15

步骤/05 定义图案。选择菜单中的"编辑"｜"定义图案"命令，在弹出的对话框中，将所绘制的矩形定义为图案，如图7-16所示。

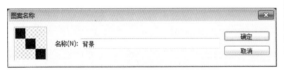

图7-16

步骤/06 用图案填充店招的背景，提升设计的质感。返回到设计文档中，再次新建一个空白图层，并将其命名为"图案填充"。按Shift+F5组合键，打开"填充"对话框，在"自定图案"下拉面板中选择定义的图案作为填充图案，如图7-17所示。然后在"图层"面板中将"图案填充"图层的混合模式设置为"柔光"。

步骤/07 水平翻转图案效果。按Ctrl+J组合键，创建"图案填充"图层的副本图层。选择菜单中的"编辑"｜"变换"｜"水平翻转"命令，得到如图7-18所示的精细网状背景效果。

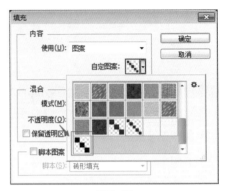

图7-17

图7-18

步骤/08 制作外发光特效。将前景色设置为白色，绘制如图7-19所示的白色矩形。并为矩形添加"外发光"图层样式，如图7-20所示。

图7-19

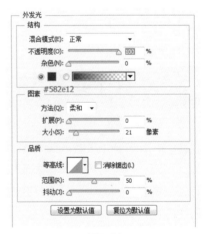

图7-20

步骤/09 设置图层的不透明度。在"图层"面板中设置图层的"填充"为0，如图7-21所示。此时可以发现矩形的填充色完全透明，版面仅保留矩形的外发光效果，如图7-22所示。

图7-21

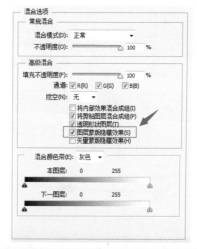

图7-22

步骤/10 创建高级图层蒙版效果。选择工具箱中的矩形选框工具，绘制如图7-23所示的矩形选区。

图7-23

步骤/11 设置图层蒙版效果。打开"图层"面板，单击"添加图层蒙版"按钮，为外发光效果添加图层蒙版。此时，我们可以发现图层蒙版并没有对外发光样式产生视觉遮盖。选择菜单中的"图层"｜"图层样式"｜"混合选项"命令，在弹出的对话框中勾选"图层蒙版隐藏效果"复选框，此时可以发现图层中多余的外发光效果被隐藏，如图7-24所示。

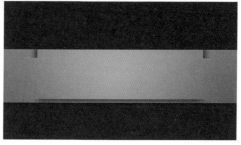

图7-24

步骤/12 制作收藏标签。将前景色设置为#81511c，然后选择工具箱中的自定义形状工具，绘制锯齿多边形标签。然后使用工具箱中的横排文字工具输入相应的文案内容，如图7-25所示。

图7-25

步骤/13 制作凹凸的分割线。选择工具箱中的铅笔工具，绘制一条宽度为1像素的水平直线。然后为直线添加"斜面和浮雕"图层样式，如图7-26所示。

图7-26

图7-27（续）

图7-28

步骤/14 制作文字特效。使用工具箱中的横排文字工具输入品牌名称的文案内容。接着为其添加"渐变叠加"图层样式，渐变方式为从#3c3c3c到#1b1b1b的线性渐变，如图7-27所示。由于受背景高光的影响，需要为品牌文案添加高光描边效果。

步骤/15 制作高光描边效果。新建一个空白图层，并将其命名为"高光文字"。将品牌文案载入选区，并用白色填充选区，如图7-28所示。

步骤/16 移动选区。选择工具箱中的矩形选框工具，分别按键盘上的→和↓键，使选区在45°方向移动1像素，如图7-29所示。

图7-29

步骤/17 按Delete键，删除选区内容。按Ctrl+D组合键，取消选区。然后将"高光文字"图层移至品牌文案图层的下方并调整好位置，完成背景高光的制作，效果如图7-30所示。

图7-27

图7-30

步骤18 添加其他的辅助文案，完善设计的细节，如图7-31所示。此时可以发现，精细的虚线段引导浏览者注意"关注"和"收藏店铺"。

图7-31

7.2.3 借用"点"的魅力设计男鞋店铺的店招

不管是广告设计还是网页设计，或者是淘宝店面设计，作者认为点、线、面的基本构成原理都可以在设计中加以应用。本节内容将设计一个男性鞋店店铺的店招案例，与大家共同分享"点"在淘宝店面设计中的魅力。最终设计效果如图7-32所示。

图7-32

具体操作步骤如下。

步骤01 创建店招的背景。新建一个空白文档，将宽度设置为950像素，高度设置为120像素。由于该店招设计主要定位对象为18岁以上的男性，所以为了凸显该类人群的特征，首先使用了凸显男性稳重、沉稳的#061113颜色作为店招的背景色，如图7-33所示。

步骤02 修饰背景。新建一个空白图层，并将其命名为"杂色"。然后使用白色填充图层。选择菜单中的"滤镜"|"杂色"|"添加

杂色"命令，在弹出的对话框中进行如图7-34所示的设置，为图像添加杂色。在"图层"面板中设置图层的混合模式为"正片叠底"，设置"不透明度"为40%，如图7-35所示。

图7-33

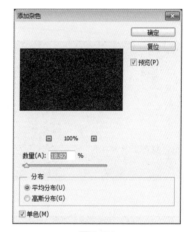

图7-34

图7-35

步骤03 设置背景的高光。将前景色设置为白色，新建一个空白图层。使用工具箱中的渐变工具制作如图7-36所示的线性渐变效果。然后在"图层"面板中设置图层的混合模式为"柔光"，如图7-37所示。

图7-36

图7-37

步骤/04 制作Logo放置的视觉亮"点"。将前景色设置为白色，新建一个空白图层。使用工具箱中的画笔工具绘制如图7-38所示的"点"效果。然后在"图层"面板中设置图层的混合模式为"柔光"，如图7-39所示。

图7-38

图7-39

步骤/05 添加店铺名称及文案内容，注意字号大小的变化及字体的变化，如图7-40所示。

图7-40

步骤/06 借助"点"提升设计的亮点。将前景色设置为红色，然后使用工具箱中的多边形工具绘制一个圆角矩形。使用工具箱中的横排文

字工具输入文案内容，如图7-41所示。仔细观察，可以发现版面的对称性及整齐性，同时红色"点"的运用很好地起到了吸引视线的作用。同时，由于面积较小，所以并不会出现喧宾夺主的现象。

图7-41

7.2.4 凸显店铺主题的女鞋店招设计

产品的细分使得产品的差异化经营越来越重要，这就要求店家必须要突出店铺的主题和经营特色。本节内容将运用凸显特定消费群体特征的花边图案与大家一起分享一个凸显店铺主题的女鞋店招设计案例。最终设计效果如图7-42所示。

图7-42

具体操作步骤如下。

步骤/01 创建店招的背景。新建一个空白文档，将宽度设置为950像素，将高度设置为120像素。由于该店招设计主要定位对象为18~30岁的年轻女性，所以为了凸显该类人群的特征，首先使用花边图案填充了背景图层。将素材文件（素材\第7章\花边图案.psd）置入到当前文档中，然后选择菜单中的"编辑"|"定义图案"命令，定义图案，如图7-43所示。

步骤/02 增加背景图案的对比度。按Shift+F5组合键，在弹出的"填充"对话框中选择图案进行填充。创建"亮度/对比度"调整图

层，提升背景图案的对比度。这样可以使背景图案更有淑女风范，如图7-44所示。

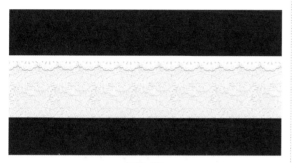

图7-43

图7-44

步骤/03 设计店铺Logo区域的背景色。新建一个空白图层，将前景色设置为#4c2a19，可凸显店铺的优雅性，这一点是与店铺的经营特色相吻合的。在"图层"面板中设置图层的"不透明度"为40%。

步骤/04 修饰店铺Logo标志的背景区域。新建一个空白图层，使用工具箱中的矩形选框工具绘制一个矩形选区，然后使用白色对选区进行

描边，描边宽度设置为1像素。然后为其添加"投影"图层样式，如图7-45所示。

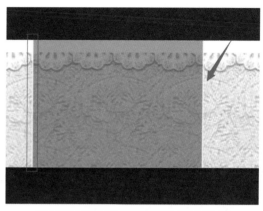

图7-45

步骤/05 添加店铺的Logo。使用工具箱中的横排文字工具输入相应的文案内容。然后为其添加"描边"和"投影"图层样式，如图7-46所示。注意力度不要太大，否则会影响整体的视觉美感。

图7-46

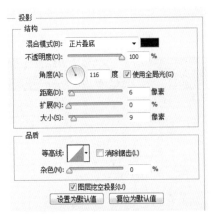

图7-46（续）

步骤 06 添加其他文案内容，注意字号大小、颜色的变化，这样才能凸显文案信息的层次性和主次性，如图7-47所示。

图7-47

步骤 07 添加鞋柜和产品。为产品营造一个大气的环境，然后输入产品的具体销量，以增加产品的营销说服力。将字体设置为红色，是为了与中间的"收藏有礼"等相呼应，如图7-48所示。

图7-48

7.2.5 色彩与活动主题呼应的卫浴店招设计

色彩在促销活动中对于视觉氛围的营造具有很重要的作用。本节内容将与大家一起分享一个以店铺周年店庆为主题的卫浴店招设计案例，共同来体验色彩与促销活动主题相呼应的应用技巧。最终设计效果如图7-49所示。

图7-49

具体操作步骤如下。

步骤 01 创建店招的背景。新建一个空白文档，将宽度设置为950像素，高度设置为120像素。由于该店招设计主要服务于10周年店庆主题，所以在店招背景色的选取上能够凸显喜庆与容易引起视觉注意力的红色作为店招的背景色。

步骤 02 规划版面布局。确定店招的展现内容为"店面Logo+店铺特点+促销信息"三部分作为店招的构成要素。确定版面的布局为"左—中—右"三栏式布局，如图7-50所示。

图7-50

步骤 03 为背景添加质感。新建一个空白图层，并用白色进行填充。选择菜单中的"滤镜"|"杂色"|"添加杂色"命令，在弹出的对话框中为背景添加适当的杂色，如图7-51所示。在"图层"面板中设置图层的混合模式为"叠加"。虽然使用"正片叠底"模式也可实现类似效果，但我们仔细对比效果就会发现，使用"正片叠底"模式会让背景显得有点"脏"，如图7-52所示。

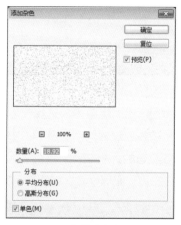

图7-51

图7-52

步骤/04 置入店面的Logo。将素材文件（素材\第7章\7.2.5 Logo.png）置入到当前文档中，使用工具箱中的移动工具将其放置在店招的左边。为了增加Logo的可识别性，可稍微为Logo添加"投影"图层样式，如图7-53所示。

图7-53

步骤/05 突出网店的主要特点。采用留白的方式将文案内容放置在页面的中间部分，这样可以有效提升文案易读性。使用工具箱中的横排文字工具输入文字内容，放置在版面中适合的位置，如图7-54所示。其中，英文选择华丽的具有欧式风格的西文文案，可以有效提升店面的视觉质量。

图7-54

步骤/06 设计促销部分的视觉焦点。新建一个空白图层，并将其命名为"高光焦点"。选择工具箱中的画笔工具，将前景色设置为白色，然后在图像中进行涂抹，绘制出如图7-55所示的效果。在"图层"面板中设置图层的混合模式为"滤色"，效果如图7-56所示。

图7-55

图7-56

步骤/07 制作光影的地面光效果。按Ctrl+J组合键，创建"高光焦点"图层的副本图层，效果如图7-57所示。按Ctrl+T组合键，拖拽鼠标将高光压缩成一条水平线，效果如图7-58所示。

图7-57

图7-58

步骤/08 设计促销艺术字。选择工具箱中的自定义形状工具，绘制一条垂直线段。然后使用工具箱中的横排文字工具输入文案内容，并为其添加"渐变叠加"和"投影"图层样式，如图7-59所示。

图7-59

图7-59（续）

步骤/09 添加优惠券。选择工具箱中的矩形工具，将前景色设置为#f2b954，并输入文案内容，注意字号的大小变化。然后为特定文字添加白色的"描边"图层样式，如图7-60所示。

图7-60

7.2.6 突出促销功能的包包店招设计

在店招中运用促销功能，非常关键的一点就是促销产品的数量一定要控制，尽量选择热销款在店招中展示，否则，太多的促销信息会影响浏览者对促销信息的记忆。本节内容将与大家一起分享一个突出促销功能的包包店招设计案例。最终设计效果，如图7-61所示。

图7-61

具体操作步骤如下。

步骤/01 创建店招的背景。新建一个空白文档，将宽度设置为950像素，高度设置为120像素。由于该包包主要面向年轻人，所以在店招背景色的选取上选用了符合年轻人喜好的浅黄色

（#eadfad）作为店招的背景色。

步骤/02 为背景添加图案。新建一个空白图层，并将其命名为"背景图案"。按Shift+F5组合键，打开"填充"对话框，在"自定图案"下拉列表中选择一款适合的图案。

步骤/03 设置背景图案的色彩和明度。通过观察，可以发现背景图案偏灰，这样容易使店招显得有点"脏"。创建"色相/饱和度"调整图层，分别更改图案的明度和饱和度，如图7-62所示。

图7-62

步骤/04 置入店铺的Logo标志。将素材文件（素材\第7章\7.2.6 Logo.png）置入到当前文档中，使用工具箱中的移动工具将其放置在店招的左边。

步骤/05 修编产品的细节。将素材文件（素材\第7章\7.2.6包包.psd）置入到当前文档中。创建"自然饱和度"调整图层，适当调整产品的色彩饱和度，如图7-63所示。选择菜单中的"滤镜"|"锐化"|"USM锐化"命令，增加图像的清晰度，如图7-64所示。

图7-63

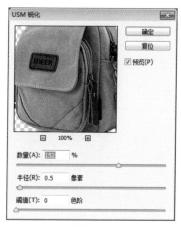

图7-64

步骤/06 创建产品的倒影。按Ctrl+J组合键，创建产品图像的副本图层。按Ctrl+T组合键，垂直翻转产品图像。创建图层蒙版，将前景色设置为褐色。然后选择柔和的画笔工具，在图层蒙版中涂抹，遮盖多余的部分，如图7-65所示。

图7-65

步骤/07 添加促销信息。将前景色设置为#da1e91，然后使用工具箱中的横排文字工具输入文案内容。选择工具箱中的自定义形状工具，绘制一个锯齿多边形，这样做是为了使对比色凸显促销信息。然后使用吸管工具在店铺Logo中单击，吸取Logo的色彩（#134064）。然后再输入其他文案信息，如图7-66所示。

图7-66

步骤/08 用色彩呼应促销信息。使用工具箱中的横排文字工具输入相应的文案内容。为了呼应店招的促销信息，可将文案"让创意主宰生活"的颜色更改为#da1e91，如图7-67所示。

图7-67

第 8 章

电商海报

　　许多人会觉得淘宝促销海报很简单，但实际上，真正设计一则符合电商视觉营销设计要求的促销海报并不容易。因为营销的结果需要视觉海报提供必要的点击唤醒，唤醒浏览者的点击欲望。本章将与大家分享当我们拿到一个产品的素材时，如何更快速地设计出更为实用的视觉海报。

8.1 电商海报设计的 **3** 个关键点

8.1.1 提炼产品的卖点

产品的卖点是激发用户点击，产生转换的核心动力，但同时卖点又不是商家无限制地向浏览者陈述，否则太多的"卖点"就会让浏览者觉得产品毫无卖点可言。产品最核心的卖点只需要设置一个即可，这样产品的卖点才可以让用户更容易记住。当然为了更加强调卖点，商家还可设置辅助卖点与核心卖点进行呼应，这样通过层次递进的方式，让浏览者情不自禁地爱上产品，进而实现流量的转换。

如何提炼产品的卖点呢？下面将与大家一起来分享4种常用的技巧。

1.按照产品的属性进行提炼

产品的属性主要包括产品的名称、产地、重量、形态、材质构成等内容，围绕产品的属性提炼产品的卖点，最大的好处就是可以直接向浏览者说明产品的特征，对于一些个性化的产品，例如农特产品、具有鲜明地域特征的产品，在设计海报时经常采用该方法，如图8-1所示。

图8-1

2.按照产品的功效进行提炼

产品的功效主要是告诉浏览者产品的主要功能和效用及相同功效不同的销售价格、时间耗费、购买成本等，以便于浏览者快速做出比较实惠的选择。在日益讲究产品差异化的电商竞争时代，按照产品的功效来提炼产品的卖点，也是设计师常用的技巧。

3.按照产品能够带给浏览者的利益筛选主题

产品能够带给浏览者的利益是卖家告诉消费者购买产品的理由，也是商家告诉浏览者商品能够为他们合理解决问题所能提供的直接解决方案的展示。按照产品能够带给浏览者的利益筛选主题，实际是基于浏览者的痛点和疑问而展开的设计，对于挖掘用户的购买动力，激发用户的点击都具有十分重要的作用。

4.根据活动的类型筛选主题

根据活动的类型筛选主题，主要是围绕商家所开展的各种促销活动来确定海报的设计主题，通常包括包邮、新品上市、答谢会员（顾客）、特殊节假日、开业、折扣、馈赠等。这些词汇的出现，对于渲染商家的促销活动氛围，吸引浏览者的注意力和点击率都十分有效。

8.1.2 给浏览者的点击理由是充分的

我们的产品海报是给我们的目标用户看的，所以，要想抓住我们的目标用户，提高海报的点击率，设计师就要考虑，在海报中我们究竟通过哪些方式为用户的烦恼和困难做了精准的注释，我们究竟通过什么途径为用户解决困难提供了最好的办法。不管什么时候，我们给浏览者的点击理由总是充分的。

1.借助因果

这一点其实是很好理解的，就是按照因果关系，为用户直接展示解决问题的方法，告诉用户，因为您有困难，所以我们就为您提供最好的解决方案。如图8-2所示，"胖胖"一族最担心的就是体型和体重问题，所以设计师结合产品的特点和用户的需求，通过"直观展示+色块文案"的设计方式，很好地为用户提供了点击的理由。

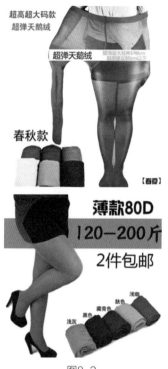

图8-2

2.用户的痛点要知晓

设计师与客户交流如何挖掘用户的痛点时，最常用的一个例子就是"我需要一匹很快的马"，很明显用户的需要是快，而不一定非得是马，在这里如何解决"快"的问题就是用户的痛点所在。所以在设计海报时，我们只需要告诉用户我们的产品如何快、如何节省时间，如何提高效率，用户是一定不会吝啬手中的鼠标的。

如图8-3所示，设计师很明确地告诉用户产品的用途，就是车载手机支架充电器，使用它，用户就无须担心手机滑落而影响驾驶的专注力了。

图8-3

再看，十分专业的术语"超薄聚合物电芯"一词，相信许多非专业用户都不会理解，这款产品可以为"我"解决什么困难，使用它有什么好处，用户都不是十分清楚，如图8-4所示。

图8-4

3.创造场景

创造场景，就是告诉用户在何种场合可以体现产品的最大价值，在何种场合产品可以为用户提供不一样的服务。如图8-5所示是目前大红大紫的手机自拍神器。设计师通过在海报中设计特定的应用场景，就可以很快引发用户的联想，触发用户在特定场景中的痛点。所以我们看到产品的销量十分大。

图8-5

8.1.3 规划营销信息的层次

电商海报中营销信息的设计，一定安排恰当的层次，就像实体店导购人员给消费者陈述产品的卖点一样，要讲究先后顺序、主次区分。在海报设计中我们先为浏览者呈现什么内容、后为浏览者呈现什么内容，主要的营销信息是什么，必要的辅助营销信息是什么，都必须清楚，这样会无形中增强浏览者对产品的认知度和好感，否则浏览者在"扫描"海报内容时，就会感觉语无伦次，毫无逻辑可言。

如图8-6所示，醒目的海报标题，首先第1层信息强调了用户对美的渴求，紧接着通过醒目的产品图像作为第2层次的信息，对用户渴求的实际产品进行展示，接下来告知了用户产品与其他产品的差异性及购买的价格和购买方式。这样的设计方式就很好地符合了用户"需求-认知（感知）-体验-购买"这一基本的购买逻辑。

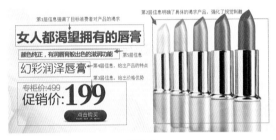

图8-6

8.2 "赢销"：电商设计师要洞察一切

8.2.1 电商设计师要知晓浏览者的心理

一个消费者，一个用户，只要有了需要和消费动机，就会进行相关的认知活动，如图8-7所示。对于电子商务中的用户，首先，借助视觉器官来接受我们的营销信息，并对接受的信息做出一定的反应，即产生感觉；其次，用户会在感觉的基础上逐渐形成对事物本身的知觉；再次，才会对其看到的产品有一个总体的心理印象；最后，用户对产品有了记忆，也就有可能产生思维或联想。

图8-7

用户逐步认识产品的过程，也就是顾客的认知心理过程。具体来说，用户首先会用眼睛去看商品的外观，然后借助营销文案去判断产品的性能、用途、价值等信息，这样，他就对这一产品有了生理和心理上的感觉。

在这种感觉的作用下，用户的脑海中对产品的外观，功能和质量等加深了了解，并由此形成知觉；在这种情况下，不论其是否决定购买，他都对这个产品有了一个比较深刻的印象。接着，他会记住这个产品，甚至还会对产品的使用效果产生美好的思维和联想。

用户的心理不会显示出来，更不会写在纸上，而是要设计师借助经验，借助数据，来做出正确的判断，这种判断越准确，我们设计的海报才会产生越强大的营销力。

8.2.2 电商设计师要注意行业表达的特征

现在的信息非常透明，每一位用户都可以通过不同的渠道来获取产品的信息、营销的价格和售后的服务等内容。他们浏览过的每一则广告、产品海报都会在内心深处留下或多或少的印象，所以，作为电商设计师，在设计我们的店铺海报时，一定要注意产品所在行业的视觉表达特征。不然就会让用户觉得十分"另类"。

1.色彩的选择

色彩的选择要考虑是否与营销主题、产品类目和产品特点相符，比如数码家电类产品，颜色一般为冷色调，食品、糕点类产品就会用饱和度较高的暖色系，如图8-8所示。

图8-8

2.版式编排

版式编排要考虑是否与产品气质相符，比如说我们设计的产品是中国风格的木式家具或者青瓷艺术品。那么，在设计海报时，就要考虑中国风格因素对视觉营销的整体影响。比如，可以选用竖式排版；反之，如果设计的是运动服饰、健身用品，则动感、倾斜的风格就显得十分适合，如图8-9所示。

图8-9

3.版面元素

版面元素，也就是页面中用于烘托氛围的素材，不同品类，不同风格所用到的素材不同。但有一点需要注意的，就是设计师要采用横向联想或纵向联想的方式来选择和查找适合的版面元素。例如我们设计的是工业精密器件，这样的产品该选用哪些元素作为美景的衬托元素呢？可以结合"精密"这个关键词来进行搜索，比如选用标尺、测绘仪、实验器皿、显微镜等作为画面的装饰元素，用户很容易就可以觉察到产品的精密程度和专注程度，如图8-10所示。

图8-10

4.质感

质感是很多设计师都会强调的一点，它可以更好地突出产品的真实度和可信度。比如，牛皮纸的质感适合于古色古香的风格，玻璃质感适合于现代风格，如数码产品、橡胶皮革用品等，这些质感在作品中的体现，就是用各种纹理素材通过Photoshop软件中的混合模式来进行，如图8-11所示。

图8-11

8.3 "赢销"：电商视觉营销设计中商品放置的4个奥秘

电商视觉营销设计中，商品的放置也是设计师必须掌握的技巧，一个页面，只有页面好看了，才可以激发用户的点击欲望；一个页面，只有好看了，才可以为用户营造出好的视觉氛围。本节内容将与大家一起分享电商视觉营销设计中商品放置的4个奥秘。

8.3.1 "赢销"就要用好三角形

三角形是最稳定的图形，可以有效平和版面的视觉结构，也可以很好地引导用户的视觉流向。只要稍微留意一下，我们就会发现在店铺运营中很多商家都在借力三角形来实现店铺的"赢销"，如图8-12所示。

图8-12

您或许有些疑问，在图8-12中，明明是梯形构图，怎么非要说是三角形呢？作者要和大家分享的内容是，咱们千万不要用几何的思维去理解电商视觉营销设计中的三角形，在实际应用中只要符合版面美观，保证页面的平衡，"三角形"随意一点，其实更美观。至于"空白"的部分，我们正好可以借助设计中虚实结合的技巧，来实现对商品的修饰和美化，例如增加一些飘飞的礼品、绿色的落叶等。

此外，还有一点就是我们放置的商品数量不宜太多或太少。太多就会让海报的版面看上去很乱，而太少，又会让版面看上去十分松散。当然产品的颜色选择也要注意，太多的颜色会让页面变得没有主次之分。

8.3.2 "赢销"就要注意环绕和飘舞

所谓环绕，就是在电商视觉营销设计中，借用边框的形式，在主要表达的商品或文案周围添加一些必要的环绕物，以提升画面视觉营销的力度；所谓飘舞，就是在电商视觉营销设计中，借用大小对比与虚实对比相结合的形式，来提升产品的视觉冲击力，同时提升版面的空间感和层次感。如图8-13所示，飘舞的图形既强化了促销的氛围，又有效地聚焦了用户的视线。

图8-13

如图8-14所示为某商家的中秋促销海报，我们可以很清晰地发现，设计师借用大小对比，很好地营造了版面的空间；借助光线的散射和产品（手机）的环绕，使得版面的层次更加明显。还有一个细节就是设计师将文案的颜色与背景的颜色，通过调节色彩的明暗变化和光影变化，让海报的整体设计看上去更加协调和统一。

图8-14

8.3.3 "赢销"就要用好视觉容器

视觉容器就是将必要的营销信息放置在特定的容器之中，容器的形态、样式、颜色选择要灵活多样，但请大家记住，一定要源于生活，或者与需要营销的产品有一定的联系，这样的视觉设计，除了增加版面的亲和力，还可以很好地营造出良好的营销氛围，如图8-15所示。

图8-15

该图是大家十分熟悉的天猫商城的促销海报。通过可爱的"天猫"容器，大家一眼就可以识别出来，商品带给用户的可信度、商品带给用户的亲和力，瞬间就可以无声地飞入用户的心里。

在实际设计中，首先需要我们确定要使用的容器外观，可选择产品、品牌Logo等作为容器，然后将图形进行抽象化，借助设计软件，如Photoshop，对图形进行美化、修饰、添加光泽等。其他类似设计案例如图8-16所示。

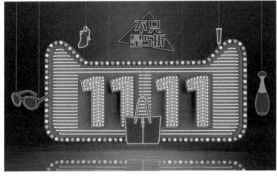

图8-16

8.3.4 "赢销"就要注意用户的浏览视线

不管用户使用PC终端浏览店铺，还是使用手机等移动终端浏览店铺，用户的视线基本都是保持与店铺界面的垂直。所以电商设计师从用户体验满意度出发，我们在放置产品时尽量将产品进行平行放置，这样做的好处是让用户浏览更自然，商品展示的层次更自然。图8-17所示是某化妆品的产品海报，光影的存在、产品高低度的调节，让用户浏览商品更简单了。

图8-17

但是有一点我们也必须要注意，商品在海报中放置得不能太松散，商品放置的高度、角度一定要显得有差别，要不然页面的美观度和商品的质量感会大大降低。如图8-18所示，商品的放置明显太自由，商品的卖点和差异也不明显，这样，对留给用户的第一印象也会产生不必要的影响。

图8-18

8.4 设计案例分享

8.4.1 案例：淘宝店家用电器海报设计

设计关键词：空间的应用　光影的应用　素材筛选　版式布局　色彩对比

光与影的确可以提升设计的质量，为浏览者营造一种高大上的视觉感受，当然从营销的角度看，也确实需要这样的光影效果来促进产品的销售。本节内容将借助光影与大家一起分享一个家用电器的海报案例设计技巧。最终设计效果如图8-19所示。

图8-19

具体操作步骤如下。

步骤/01 确定设计的尺寸。淘宝店面的海报主要有两种尺寸，即950像素和750像素。本案例我们设定的尺寸为950像素，高度设置为530像素。

步骤/02 调整素材图像的色调，确定视觉焦点。置入素材文件（素材\第8章\8.4.1\底图.png），并将其放置在页面适当的位置。然后新建一个空白图层，使用黑色填充，如图8-20所示。再使用橡皮擦工具擦除多余的填充，将光晕集中在页面的中间位置，如图8-21所示。

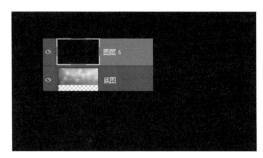

图8-20

图8-21

步骤/03 色调调整。创建"照片滤镜"调整图层，调整图像的色调，如图8-22所示。再创建"色彩平衡"调整图层，细化调整图像的色调，如图8-23所示。

图8-22

图8-23

步骤/04 渲染场景氛围。将前景色设置为白色，然后选择柔性笔刷在文档中涂抹，制作出背景的高光效果，如图8-24所示。一方面可以提升设计的视觉效果；另一方面是为了渲染场景氛围的需要。

图8-24

图8-24（续）

步骤/05 添加素材，调整版面。置入素材文件（素材\第8章\8.4.1\地板.png），添加图层蒙版，遮盖不需要显示的多余区域。使用工具箱中的移动工具将其移动至适合的位置，如图8-25所示。

图8-25

步骤/06 添加主体图像，合理构建布局。置入素材文件（素材\第8章\8.4.1\电饭锅.psd），并将其放置到适当的位置，如图8-26所示。此时可以发现产品的色调与场景的色调十分协调，但还不能很好地展现出产品的功效，不能从视觉上对浏览者产生购买刺激。

步骤/07 添加素材。置入素材文件（素材\第8章\8.4.1\米饭.psd），并将其放置在页面适当的位置。按Ctrl+T组合键调整素材图像的大小，使米饭与电饭锅呈平行式放置，如图8-27所示。

图8-26

图8-27

步骤/08 细节调整。新建一个空白图层，并将其命名为"蒸气"。将前景色设置为白色，使用工具箱中的画笔工具绘制几条曲线。然后为曲线应用"高斯模糊"滤镜，得到热腾腾的蒸气，如图8-28所示。

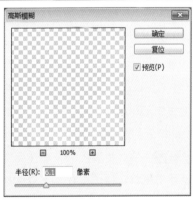

图8-28

步骤/09 更改图层的混合模式。打开"图层"面板，为了使蒸气显得更自然，可将"蒸气"图层的混合模式设置为"柔光"，如图8-29所示。

图8-29

步骤/10 输入文案内容。使用工具箱中的横排文字工具输入如图8-30所示的文案内容。以产品所带给消费者的主要利益及产品的主要功能作为海报的主要诉求点。在编排上，通过文字的大小对比体现文字信息的层次性。

图8-30

步骤/11 添加可以让消费者产生行动的理由。将前景色设置为红色，使用工具箱中的矩形工具绘制一个矩形。接着将前景色设置为黄色，使用工具箱中的钢笔工具绘制一个多边形，如图8-31所示。考虑到消费者对价格的关切，所以我们需要使用对比的方式，让消费者清晰地看到网购所能得到的直接的价格实惠。

步骤/12 在文案编排时，要注意文本之间的对齐及可识别性，同时弱化非主要信息，避免对主要信息内容产生阅读障碍，如图8-32所示。

图8-31

图8-32

步骤/13 添加企业的标志，完成案例的制作。

提示

设计中对于素材的合理选用很关键。在初稿时，作者所选用的米饭素材如图8-33所示。虽然碗的色调与背景的木板一致，但半碗米饭还是无法快速引起浏览者的点击兴趣。

图8-33

8.4.2 案例：天猫网店数码海报 设计

设计关键词：创造场景　融入情感　巧用夸
张　引发联想　用好蒙版

　　最舒适的声音就是最自然的声音，本案例通
过创造场景，巧用夸张和联想的设计技巧将用户
引入特定的场景中，进而引发用户的体验欲望。
本节内容将借助蒙版与大家一起分享一个数码用
品的天猫海报案例的设计技巧。最终设计效果如
图8-34所示。

图8-34

　　具体操作步骤如下。

　　步骤/01 确定设计的尺寸。天猫店面的全
屏海报尺寸可设置为宽1920像素、高为350像
素。但需要注意的是视觉显示的重点内容应控制
在950像素之内。

　　步骤/02 新建一个空白文件，将宽度设置
为950像素，高度设置为350像素，然后将素材
文件添加到当前文件中，如图8-35所示。

图8-35

　　步骤/03 打开"图层"面板，分别创建图
层蒙版，将素材与场景完美地融合，如图8-36所
示。这一步主要是考虑为后面产品的陈列提供必
要的空间位置。

图8-36

　　步骤/04 按Ctrl+Shift+Alt+E组合键，盖
印图层，然后将盖印的新图层水平翻转，这样即
可得到全景的展示，如图8-37所示。

图8-37

　　步骤/05 色调的统一化调整。由于素材是
借助蒙版功能合成的，所以需要创建"色彩平
衡"调整图层，对合成图的色调进行统一化调
整，如图8-38所示。

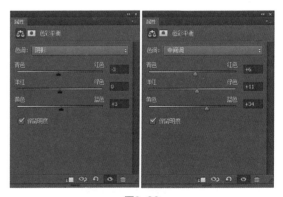

图8-38

图8-38（续）

图8-39（续）

步骤/06 细节调整，强化场景的层次。新建一个空白图层，创建#97a19e到白色的渐变效果，并将白色的"不透明度"设置为0。打开"图层"面板，将"填充"设置为52%，将图层的混合模式设置为"叠加"。参数设置及效果如图8-39所示。

步骤/07 添加产品，打开素材文件，分散陈列在"石头"之上，这是遵循了"点"在设计中的应用技巧。创建素材文件的副本图层，借助"亮度/对比度"调整图层，制作产品的阴影效果。使用"高斯模糊"滤镜制作比较真实的"阴影"细节效果。参数设置及效果如图8-40所示。

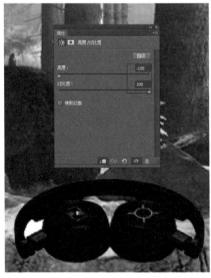

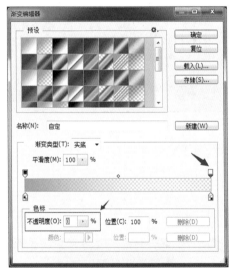

图8-39

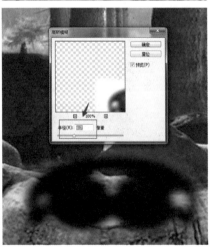

图8-40

图8-40（续）

步骤/08 为场景融入情感。最自然的声音需要鸟语花香来衬托，所以我们可将飞鸟素材文件置入到当前文档中，这就具备了基本的"自然声音"，如图8-41所示。

图8-41

步骤/09 让自然与声音相结合，强化产品的效果。将人物素材文件置入到当前文档中，并调整到页面适当的位置，如图8-42所示。

图8-42

步骤/10 添加标题文案。文案的主要用途就是突出产品的特点，强调产品的差异化。选择工具箱中的横排文字工具，输入相应的文案内容，然后调整字号的大小，并放置在页面适当的位置。

步骤/11 新建一个空白图层，然后将文案内容载入选区，用白色填充选区。选择工具箱中的矩形选框工具，然后按↓键，将选区向下调整1个像素，按Delete键，将多余的颜色删除，完成文案的高光添加，如图8-43所示。

图8-43

步骤/12 添加英文文案，衬托产品的档次和品质，如图8-44所示。选择工具箱中的矩形工具，在文档中绘制两个白色矩形，分别设置"不透明度"为30%，保证场景视觉效果的完整性，如图8-45所示。

图8-44

图8-45

步骤/13 借助色彩的对比添加文案内容，引导用户做出点击的决定，如图8-46所示。

图8-46

8.4.3 案例：京东商城化妆品海报设计

设计关键词：选色　色彩对比　色调统一　品牌内涵　设计的通透性

品牌化妆品的全屏海报设计，必须要考虑到品牌的形象和影响力，除了产品的质量以外，还要注意产品本身所带给用户的品位感受和消费内涵。本节内容将与大家一起分享一个京东商城化妆品海报设计的案例。最终设计效果如图8-47所示。

图8-47

具体操作步骤如下。

步骤／01 确定设计的尺寸。京东店面的全屏海报尺寸可设置为宽1920像素，高度灵活设置。但需要注意的是，视觉显示的重点内容应控制在990像素之内。

步骤／02 新建一个空白文件，将宽度设置为990像素，将高度设置为450像素，然后将素材文件添加到当前文档中。

步骤／03 改善图像的色调。打开素材文件，创建"曲线"调整图层，适当增加蓝色的比重，这样就降低了图像中黄色的比重，如图8-48所示。

步骤／04 置入产品文件。我们发现单色背景的图像由于产品的边缘与白色的背景色十分接近，因此不能直接使用魔棒工具或套索工具选取图像，所以使用钢笔工具沿产品边缘绘制路径，然后再转换为选区，如图8-49所示。

图8-48

图8-49

步骤／05 创建图层蒙版，抽取产品图像，然后放置在页面的适当位置。接着使用同样的方式完成其他产品素材文件的置入。

步骤／06 统一色调。创建"色彩平衡"调整图层，分别调整高光、中间调、阴影的参数，使得版面的色调协调统一。参数的设置及效果如图8-50所示。

图8-51（续）

步骤/08 采用相同的方法完成其他文案内容的输入，为了增强版面文案的层次性，需要将文字的字号设置为12点，这样版面的大小对比更清晰，更易于浏览者"扫描"和阅读，如图8-52所示。

图8-52

图8-50

步骤/07 添加标题文案。为了使文案与图像的韵调相吻合，选择工具箱中的直排文字工具，将文案的文字方向设置为直排方式。为了增加文字的可读性，可适当为文案添加"投影"图层样式，如图8-51所示。

步骤/09 增加英文文案，凸显产品品牌的国际化。在文案颜色的选择上，可选用#86d92e，在细节之处凸显产品对用户的关爱，如图8-53所示。

图8-53

图8-51

步骤/10 将前景色设置为#ed1389，然后绘制一个矩形，作为引导用户行为的动作指引符号。完成后添加必要的引导文案内容，如图8-54所示。

图8-54

步骤/11 为整体设计效果添加细节，让画面"活动"起来，将素材文件（素材\第8章\8.4.3\蜻蜓.psd）置入到当前设计文档中，并将其放置在适当的位置，如图8-55所示。至此，完成了整体效果的设计。

图8-55

8.4.4 案例：京东商城家用电器海报设计

设计关键词：对齐　素雅　场景　情调　点睛色　色彩对比

产品海报的设计不在乎画面的视觉效果有多强大的冲击力，更重要的是要将产品所能够带给用户的实际效用和实际利益让用户感受到，进而展开无限的想象。本节内容将与大家一起分享一个京东商城家用电器海报设计的案例，最终设计效果如图8-56所示。

图8-56

具体操作步骤如下。

步骤/01 确定设计的尺寸。新建一个空白文件，将宽度设置为790像素，高度设置为350像素，然后将素材文件添加到当前文档中，如图8-57所示。

图8-57

步骤/02 改善图像的景深。创建图像的副本图层，然后使用"高斯模糊"滤镜适当进行模糊，如图8-58所示。

步骤/03 为图像的副本图层添加图层蒙版，使画面的景深更清晰和自然。选择工具箱中的画笔工具，将前景色设置为黑色，然后在图层蒙版中进行涂抹，适当遮盖图像中多余的部分，如图8-59所示。

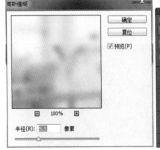

图8-58　　　　　　　图8-59

步骤/04 选用路径工具，对产品图像进行抠取。使用工具箱中的钢笔工具沿产品边缘绘制路径，按Ctrl+Enter组合键将路径转换为选区，然后添加图层蒙版，将产品放置在页面适当的位置，如图8-60所示。

图8-60

步骤/05 增加产品图像与背景环境的对比度。选择菜单中的"图像"|"调整"|"亮度/对比度"命令，增加图像的对比度，轻微降低明度，使产品在强化显示的同时与背景整体的素雅格调更吻合，如图8-61所示。

图8-61

步骤/06 创建产品图像的副本图层，采用相同的方法，强化产品的视觉注意力。

步骤/07 输入相应的文案内容。创建垂直参考线，然后选择工具箱中的横排文字工具，在文档中添加必要的文案内容，通过改变字号的大小，使文案的"扫描"层次更清晰，阅读体验更好，如图8-62所示。

图8-62

步骤/08 添加点睛色，突出产品的品牌标示和用户的行为导向。选择相应的文案内容，更改颜色为#ef0875，如图8-63所示。色彩对比技巧的运用使品牌标识和用户的行为导向十分突出。

图8-63

步骤/09 为标题文案添加图层样式效果。打开"图层样式"对话框，将描边的"颜色"设置为白色，将描边的"大小"设置为3像素，如图8-64所示。

图8-64

步骤/10 选择工具箱中的矩形工具，分别绘制蓝色和黄色的矩形，并分别放置在相应文案的下方，使按钮的指引作用更直接，如图8-65所示。

图8-65

步骤/11 添加必要的修饰物，让产品带给用户的利益更直观。添加小鸟素材是为了让用户感受到产品的功效；添加飘散的绿叶，则从侧面体现了产品为用户的健康保驾护航。最终完成后的案例效果如图8-66所示。

图8-66

 通过前面几个案例的学习，用户应该注意到"蜻蜓"和"小鸟"在设计中的作用了。巧妙地添加这些小动物，会使画面更有活力，产品海报的互动性会更为强烈。

8.4.5 案例：苏宁易购超市海报设计

设计关键词：背景衬托　设计阴影　眩光衬托　图形指引　简洁留白

苏宁易购超市海报的设计，我们认为应该有别于天猫、淘宝、京东等电商平台，它在设计时应重点突出超市的基本特点，即优惠、实惠等。本节内容将与大家一起分享一个苏宁易购超市海报设计的案例。最终设计效果如图8-67所示。

图8-67

具体操作步骤如下。

步骤/01 确定设计的尺寸。新建一个空白文件，将宽度设置为990像素，高度可灵活控制。在此，我们可将高度设置为350像素，然后将背景色填充为#f0b536，使海报的背景色与苏宁易购超市的主色相吻合。

步骤/02 将素材文件置入到当前设计文档中，按Ctrl+J组合键创建素材图像的副本图层，避免背景的单调性。然后设置图层的"不透明度"为30%，弱化背景，避免喧宾夺主。

步骤/03 垂直翻转素材图像，并为其添加图层蒙版，然后使用黑色笔刷工具在图层蒙版中进行涂抹，制作透明的背景效果，如图8-68所示。

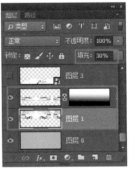

图8-68

步骤/04 添加裂痕素材强化视觉效果。说是添加,实际上是筛选素材。面对海量的裂痕素材,我们必须思考素材使用的位置、显示的角度、裂痕的视觉冲击力等。按照视觉表现的要求,在海量裂痕文件中选择如图8-69所示的效果。

图8-69

步骤/05 改变素材的显示角度。选择菜单中的"编辑"|"变换"|"斜切"命令,调整素材图像的放置位置和角度,如图8-70所示。接着改变素材图像所在图层的混合模式为"正片叠底",使素材图像完好地融入背景,如图8-71所示。

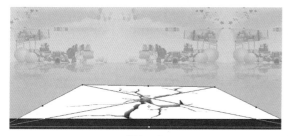

图8-70

图8-71

步骤/06 选择工具箱中的钢笔工具,将前景色设置为#e6407b,绘制图形,引导用户的视

觉,让视觉效果与营销效果实现完整的统一,如图8-72所示。

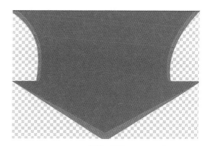

图8-72

步骤/07 修饰图形。选择适当的画笔工具,将前景色设置为黑色,然后绘制如图8-73所示的效果。然后在"图层"面板中设置图层的"填充"为70%,使黑色的阴影更自然,如图8-74所示。

图8-73

图8-74

步骤/08 制作立体文字效果。在制作电商视觉营销设计中的文字时,不应该仅仅考虑视觉设计,还要考虑到文字的营销力。选择工具箱中的横排文字工具,将前景色设置为#fff085,输入文案内容。按两次Ctrl+J组合键,得到文字的副

本图层。分别将其命名为"阴影"、"立体"和"速来有惠"。将"阴影"图层文字的颜色设置为#62081d，将"立体"图层文字的颜色设置为#904f0d，如图8-75所示。

步骤/09 创建立体文字。选择菜单中的"图层"|"栅格化"|"文字"命令，分别将"阴影"和"立体"图层的文字转换为栅格对象。选中"阴影"图层，选择菜单中的"滤镜"|"模糊"|"高斯模糊"命令，对文字进行模糊，获得文字的阴影效果，如图8-76所示。

图8-75

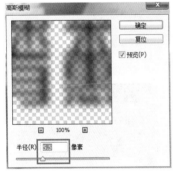

图8-76

步骤/10 按住Ctrl键不放，单击"图层"面板中的"立体"图层缩览图，将文字载入选区。连续按10次Ctrl+Alt+↑组合键，获得文字的立体效果，如图8-77所示。

步骤/11 新建一个空白图层，用#fff085色对选区进行描边，将"宽度"设置为1像素，如图8-78所示。按Ctrl+D组合键取消选区。然后为描边添加"斜面和浮雕"图层样式，如图8-79所示。

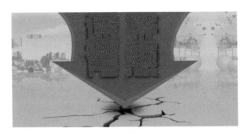

图8-77

图8-78

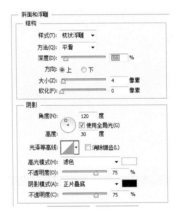

图8-79

步骤/12 添加引导用户做出行动的标识。选择工具箱中的椭圆工具，绘制一个正圆形状。然后使用工具箱中的横排文字工具输入"领"字，强化视觉与营销的统一，如图8-80所示。

图8-80

步骤/13 添加光影效果,提升促销的档次。将素材文件(素材\第8章\8.4.7\光影.png)置入到当前设计文档中,然后设置图层的混合模式为"滤色",如图8-81所示。

图8-83

8.4.6 案例:唯品会产品海报设计

设计关键词:光影渲染 粒子 图层混合模式 标题文案

唯品会平台重点在于帮助商家打造爆款,为店面吸引流量,提升店铺的人气。所以在设计时应结合平台的店铺特点来设计相应的海报内容。本节内容将与大家一起分享一个巧用文案标题吸引流量海报设计的案例。最终设计效果如图8-84所示。

图8-81

步骤/14 选择工具箱中的横排文字工具,添加具体的促销时间,如图8-82所示。做促销必须有一定的时间限制,这样才可以让消费者有一种紧迫感,在心理上有一种"今天不下单,别人抢单了,我就没有便宜和优惠了"的感觉。

图8-84

具体操作步骤如下。

步骤/01 制作背景,创建符合唯品会平台的通栏海报尺寸。新建一个空白文档,将宽度设置为1920像素,高度设置为500像素。打开素材文件并置入到当前设计文档中,如图8-85所示。

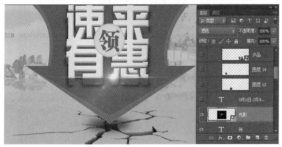

图8-82

步骤/15 添加产品的图像及修饰素材,如图8-83所示。一方面让浏览者近距离看到产品的"真面目";另一方面修饰素材的添加可以增强版面的层次感。

图8-85

步骤/02 新建一个空白图层,将前景色设置为#6f0e29,然后设置图层的"不透明度"为75%,弱化背景的视觉表现,如图8-86所示。

图8-86

步骤 / 03 合成画面的视觉光影效果。将素材文件置入到当前设计文档中，依次设置素材图像的图层混合模式，使光影与背景基本融合。然后创建图层蒙版，使用黑色笔刷工具在图层蒙版中进行涂抹，遮盖多余的部分，使光影与背景完美融合。"图层"面板设置及效果如图8-87所示。

步骤 / 04 绘制辅助的粒子。选择工具箱中的画笔工具，将前景色设置为白色，适当设置笔刷直径的大小、间距等参数，绘制出粒子效果。"画笔"面板设置及效果如图8-88所示。

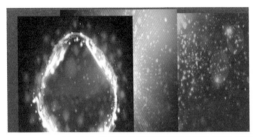

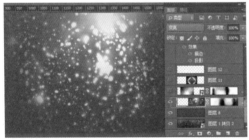

图8-87

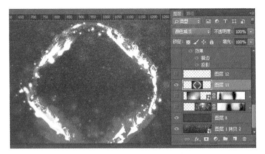

图8-87（续）

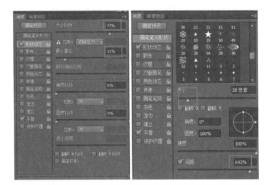

图8-88

步骤 / 05 输入文案内容并添加图层样式，强化标题文案的表现力，如图8-89所示。在选择标题文案时，一定要选择具有诱惑力、震撼力的内容，这样会让浏览者内心有一种看见文案内容就想点击的欲望。

步骤 / 06 将素材文件置入到当前设计文档中，并置于标题文案的上方。选择菜单中的"图层"｜"创建剪贴蒙版"命令，为标题文案添加剪贴蒙版，如图8-90所示。

图8-89

图8-89（续）

图8-90

步骤/07 继续添加光影效果，强化版面的视觉效果，使绚丽的光影与"大事件"的内涵相一致。置入素材文件，并设置图层的混合模式为"滤色"，如图8-91所示。

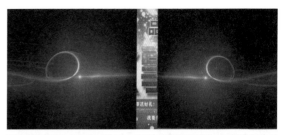

图8-91

步骤/08 继续置入素材文件，然后设置图层的混合模式为"滤色"。最后将素材图像放置在如图8-92所示的位置。

图8-92

步骤/09 使用工具箱中的矩形工具和横排文字工具，在文档中绘制矩形并输入相应的文案内容，完成最终效果的制作，如图8-93所示。

图8-93

8.4.7 案例：手机店铺的海报设计

设计关键词：简练　留白　色彩对比

无线手机端产品海报的设计一定要简单，不仅是因为用户移动端的浏览面积受到制约，更重要的是移动端用户浏览店铺时间的碎片化。本节内容将与大家一起分享一个应用于淘宝平台女裤海报设计的案例。最终设计效果如图8-94所示。

图8-94

具体操作步骤如下。

步骤/01 确定设计的尺寸。无线端淘宝店面的海报宽度建议控制在480~620像素，高度建议不超过960像素。新建一个空白文件，将宽度设置为600像素，高度设置为240像素，如图8-95所示。将前景色设置为#f00d42，将背景色设置为#d6c41f，使用多边形套索工具绘制选区，制作如图8-96所示的背景色块。

图8-95

图8-96

步骤/02 添加裂纹素材，强调"钜惠裂变"。将素材文件（素材\第8章\8.4.7\纹理.png）置入到当前设计文档中，如图8-97所示。在"图层"面板中设置图层的混合模式为"叠加"，"填充"为36%。然后创建图层蒙版，遮盖多余的纹理，如图8-98所示。

步骤/03 添加模特图像。将素材文件（素材\第8章\8.4.7\模特.png）置入当前设计文档，

放置在页面适当的位置。此时可以发现整体效果显得不协调，按Ctrl+J组合键创建素材图像的副本图层，然后适当设置其图层的"填充"为70%，设置图层的混合模式为"正片叠底"，使整体效果变得比较协调，如图8-99所示。

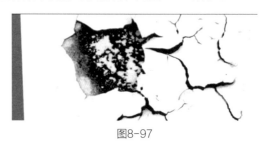

图8-97

图8-98

图8-99

步骤/04 为副本图层添加模糊效果，创建模特的投影效果。选择菜单中的"滤镜"｜"模糊"｜"高斯模糊"命令，模糊素材图像，如图8-100所示。

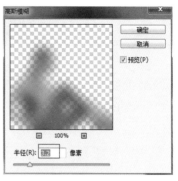

图8-100

步骤/05 制作页面的附属修饰物。新建一个空白图层，并将其命名为"粒子"。选择画笔工具，绘制"点粒子"效果，注意不要太多，太多的粒子会影响页面整体的简练感。

步骤/06 创建"点粒子"副本图层，然后为其添加动感模糊效果，增加页面的层次感。添加动感模糊时要注意力度不要太大，此外也要注意模糊的角度。完成后使用工具箱中的橡皮擦工具擦除多余的点粒子，效果如图8-101所示。

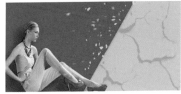

图8-101

步骤/07 添加主体文案内容，并为文案添加投影效果。在添加投影时注意不要选择黑色，而应该选择与背景色相近，且明度偏暗一点的色彩。否则，使用黑色会让页面显得有点"脏"。

在此，我们选用的投影颜色为#583303，如图8-102所示。

图8-102

图8-102（续）

步骤/08 添加文案的辅助信息，强化主体的"钜惠"效果。这一点十分关键。本案例就是通过添加"领券100元"文案呼应了主体文案的钜惠效果，使得两者相辅相成，避免页面效果的空旷、泛虚之感。

步骤/09 增加营销效果转换的紧迫感。从营销角度讲，给予用户优惠，就要马上让用户参与。所以在本案例中，我们通过添加"仅此1天"文案来突出促销的时限性，从而促使用户尽快做出参与的决定。这一点实际上也是移动端营销的惯用技巧。最后为了约束用户的视线，我们为文案添加了一个矩形边框。

步骤/10 添加光影，提升设计的质量度。将素材文件（素材\第8章\8.4.7\光影.png）置入到当前设计文档中，设置图层的混合模式为"滤色"，然后将光影放置在适合的位置，如图8-103所示。至此，本案例制作完成。

图8-103

提示 对于设计中所使用的黑色背景的素材，如光影、烟火等，我们只需更改素材文件的图层混合模式为"滤色"，即可快速将黑色背景"隐藏"。

第9章

首页焦点轮播广告

章前导语 焦点轮播广告是一家店铺的"脸面"，是用户进入店铺最先看到的区域，所以，如何利用好该区域设计出具有营销效果与视觉美感共存的海报，是电商运营中非常重要的一件事情。本章将与大家一起分享首页焦点轮播广告的设计技巧。

9.1 焦点轮播广告设计常见的 4 个误区

轮播广告就是多张广告图进行循环播放，它位于店铺店招及导航的下方。为了让设计更有营销力，本节应先介绍焦点轮播广告设计常见的4个误区。

1.版面杂乱

首页的焦点广告设计，总体来说要直接、简洁，避免杂乱，要能够在最短的时间内向用户传达店铺所要表达的营销信息。用户实际是很挑剔的，店铺的焦点广告如果不能将用户的眼睛吸引住，用户只需轻轻动一下鼠标就会离开。

如图9-1所示，海报的设计不管是色调的选择还是颜色的搭配，都可以很好地将版面的主题"唯美"表现出来，但是我们也发现，素材图像使用的数量太多，且相互之间太过于紧凑，相互之间的重叠使得整体的视觉效果看上去有点压抑和不自然。

图9-1

2.文案描述过于烦琐

电商焦点海报设计中的文案就像走进实体店中第一次遇见的导购人员，不要与用户刚见面，不问青红皂白就迫不及待地推销我们的产品，而应该站在用户的角度，思考我们的产品能为用户解决什么问题？用户来实体店有哪些痛点需要解决，然后等用户停下脚步，再选用恰当的方式慢慢介绍我们产品的好处。用户在毫不知情，对产品没有任何了解的情况下，您的价格再便宜，销量再好，对于他们而言也是多余的。

所以，请大家要记住店铺焦点海报文案的设计不要太烦琐，而是要用简单直接的语句向用户表达出产品所能带给用户的利益和效用。如图9-2所示，海报的构图、色调设计都不错，但是文案设计稍显烦琐，一方面强调产品"出众夺目、销量第一"，但是另一方面又提出"本店促销、赠送"。仔细想一下，这样的表达除了烦琐、啰唆，是不是还带出了一点矛盾的味道呢？

图9-2

3.干扰信息多

焦点海报的设计要突出主体，突出主题，就要减少版面中干扰信息的存在。干扰信息太多，一方面会显得平淡无奇，另一方面会让用户眼睛的浏览负担在瞬间加重。焦点海报设计中的干扰信息常见于以下4种情况。

（1）背景图像与主体产品图像或产品模特之间的虚实关系不明确，这样会影响产品效果的展示。

（2）文案信息与背景图像的共存，会降低文案信息的可读性，从而干扰营销信息的传播效率。

（3）色彩使用的数量过多，重点信息的提示性不明显，会让页面显得毫无重点。

（4）页面修饰元素数量太多，层次不合理，造成喧宾夺主。

如图9-3所示，模特的选择与背景图像的搭配可以很好地衬托出产品的艺术品位，但背景图像中的干扰物太多，使得主题文案、产品价格信息的可读性、海报设计版面的整体层次都不够合理。

图9-3

4.设计主题不明确，内容太空洞

焦点海报设计的简洁性不是简单和省略，而是要降低版面的干扰信息，处理好版面的视觉层次，更突出向用户传递最有效的营销信息，留住用户的眼睛，进而提升店铺的访问流量和转化率。一旦焦点海报设计把握不好，就变成了空洞和浪费，最重要的视觉引流区域就变成了摆设。

如图9-4所示，色调的处理还是不错的，但是空洞的画面除了保留一点情怀以外，对用户而言还有什么可以留下来的理由呢？

图9-4

9.2 "赢销"：焦点海报视觉设计技巧提炼

焦点海报的设计只有为最终的营销和转换做好服务才算成功，本节内容将与大家一起分享营销型焦点海报设计的4个技巧。

1.理性诉求，主打产品

理性诉求，就是要围绕产品的性能、形象、功效、价格等设计产品的海报，让用户在浏览海报过程中，可以毫不费劲地了解到产品可以为用户解决哪些问题、提供哪些服务。

要做到以产品为主的焦点海报设计，就要围绕产品的基本属性、主要功能、带给用户的直接利益、产品的个性及差异化等方面来设计。在实际执行中要做到图文结合和统一。所谓图文结合，就是指文案为图像做出恰当的说明，让图像成为文案更具说服力的载体。

如图9-5所示，层次鲜明的产品文案，醒目的产品展示，可以最大限度地为用户传递出产品价值和效能。

图9-5

2.促销为主，主打活动

将促销海报置于店铺的首页焦点位置，主要有以下3点原因：首先是为了提升店铺的流量，将用户吸引到店铺中，增加用户的停留时间，进而提升店铺产品的转化率；其次是新品推出，需要提升产品的口碑和好评；最后是提高店铺产品的运转速率，减少库存压力。

　　明确了促销的原因，那么在设计中就不要遮遮掩掩，而是要大胆直接地以理性诉求的方式将产品的功效、促销优惠、让利好处等信息毫不保留地"奉送"给用户。要做到这一点，我们可从产品展示、照片选择两方面入手。展品展示要选择产品打开的、能让用户看清楚的角度进行，如图9-6所示，

　　能正面展示就不要侧面展示，能全面展示就不要局部显示。

图9-6

　　在选择照片时，如图9-7所示，主要是指模特的照片选择和产品照片的选择，一定要选择近景照片或中景距离的照片，不建议大家选择远景照片，虽然远景还可以更大范围地显示图片的内容，但由于不能很好地展示细节，很容易让用户觉得商家在刻意"隐瞒"什么秘密。

图9-7

　　3.形象为主，塑造氛围

　　店铺焦点海报的设计，除了以理性诉求的方式展示以外，设计师也可以运用感性诉求的方式通过塑造氛围、树立产品的形象来加深用户对产品的记忆，进而激发用户对特定的氛围产生美妙

的联想，增加购买产品，参与体验的欲望。

　　在实际设计中，要塑造美妙的氛围，一方面可以借助光影来提升产品的质量感，另一方面也可以借助色彩对用户的心理影响来提升产品的良好形象。如图9-8所示，设计师为了营造"感受自然"的氛围，巧妙地将产品放置于纵深有度的森林之中，借助光影的变化，向用户讲述林间的美妙。合理的布局，温柔的灯光，自然的空气，所有这一切都在悄无声息地侵入用户的心理。

图9-8

　　除了使用光影，还可以借助色彩对用户的心理影响来塑造产品的形象。如图9-9所示，设计师巧妙地借助紫色，将产品的富丽华贵在虚实相间的版面中展现得一览无余。

图9-9

　　以渲染氛围，树立形象为主的首页焦点图设计，并不是以突出产品的功能、效用为主，而是重点塑造产品的形象，提升产品的品牌认知度，这也是感性诉求有别于理性诉求的不同之处。

做好焦点海报设计的4个维度

　　在9.2节中，我们一起分享了焦点海报视觉设计的技巧。本节内容将与大家一起分享做好焦点

海报设计的4个维度。

1.主题，还是主题

首页的焦点海报设计，不管采用哪种形式，设计之前都必须明确主题，让用户毫不费劲地知晓我们的意图。焦点海报一般包括三部分，即产品（产品模特）、背景（背景修饰物）和文案。

背景主要用来渲染产品的定位，在设计时一定要围绕设计的主题来寻找适合的背景及修饰物。例如，我们设计剃须刀海报，要展现出男性的坚韧、刚毅个性，那我们在寻找背景素材时，可参考户外攀岩、金属质感、黑色调质感强烈的背景。如图9-10所示，一幅色调、质感清晰的产品海报，将男性的性格展现得淋漓尽致。

图9-10

如果要表现出产品的清新自然，则可以选择素雅、温柔、低对比度的柔性色彩的素材作为背景。如图9-11所示，素雅的背景匹配清新的模特展示，很容易让用户对产品产生良好的记忆。

图9-11

2.确定合理构图与设计尺寸

店铺的首页轮播海报设计一方面可以为用户传递店铺的营销信息；另一方面也是店家展示形象，树立品牌，进行自我宣传的绝佳通道。所以，在具体设计时，必须要考虑海报的构图与尺寸。

所谓构图，就是要在设计中处理好图像、文字、模特、产品及页面装饰物的位置关系，使其在视觉表现的展示中既突出主体，又有一定的和谐美。在具体应用中最常见的就是两分式构图和三分式构图，之所以比较推崇这两种构图，是因为它们除了具有多变灵活的编排方式外，也可以让版面显得更平衡，信息展示更具有层次感。

两分式构图如图9-12所示。在实际应用中既可以实现左右式编排，也可以实现上下式编排，但不管哪一种形式的编排版面，都显得十分简练和直接，用户可以没有丝毫障碍地浏览页面信息，用户的浏览体验非常好。

图9-12

三分式构图如图9-13所示。在实际应用中，我们既可以实现左中右式编排，也可以实现上中下式编排。即海报的两侧放置产品或模特，中间放置营销文案。这样的布局很好地将用户的视线约束在海报的中间位置。

图9-13

或者上部放置营销信息的标题，中部放置营销信息的细节内容，下部放置产品或者引导用户做出决定的标签。如图9-14所示，上中下式的布局使版面的信息层次十分清晰。

图9-14

此外，如图9-15所示，只要我们轻微地将上中下式的构图进行调整就可以瞬间转换为三角形构图。

图9-15

说完构图，接下来我们聊一下设计的尺寸。店铺首屏焦点图的设计尺寸，考虑到目前多数PC端用户使用宽屏浏览器，分辨率多设置为1440像素×900像素，或者1920像素×1080像素，所以建议大家在设计时，首屏海报的焦点部分宽度一般控制在400像素到700像素之间，这样可以很好地将需要展现的信息集中展示在页面的中心位置。高度的设置，考虑用户浏览的便利性，建议大家控制在600像素以内。太高的尺寸会出现用户在浏览时翻页的现象。

3.用好色彩，给用户一点关爱

好的色彩可以传递情感，好的色彩可以给用户传递关爱。红色、黄色等暖色调，用在店铺的首页焦点海报中，可以在悄无声息中传递一种温馨、热闹、丰收、喜悦的情感。

例如，在服饰行业选好颜色、用好配色，为用户传递温馨和舒适，就会为店铺首页营造一种温馨的氛围，唤起用户的购买欲望。首先，标题的文字用色要能够以主题表达需要为前提；其次，画面的背景色及修饰物的颜色要能够呼应主题文案的色彩，这样整体的视觉效果就会比较协调；最后一

点，也是十分重要的一点，要能够借助点、线、面的运用技巧，将色彩的情感表达实现升华。

如图9-16所示，是一家女装的店铺首页海报，画面的设计用色整体以沉稳的土黄色为主调，表现出秋天的来临；以醒目的金黄色强化版面视觉信息的传达，此外最重要的一点，就是设计师巧妙地借助自然的金黄色落叶作为版面的调节颜色，不仅强化了主体产品的营销内涵，更能在悄无声息中告诉用户"秋天来了，应该给自己添一件御寒的衣服了"。

图9-16

4.脱颖而出，做好画面的视觉冲击力

商家希望借助店铺首页的海报设计，强调画面的视觉冲击力，其目的是希望首页的焦点轮播海报能够在整个首页面中脱颖而出。对于设计师而言，要做好画面的视觉冲击力，控制好版面色彩的明暗对比度就是一种常用的方法。我们知道，最亮的颜色是白色，最暗的颜色是黑色，所以我们可以巧妙地通过控制画面中黑、白色的对比度来提升画面的视觉冲击力。

如图9-17所示，设计师通过在版面中添加适当的白色，同时强化产品表面的高光，使得整体设计的层次感十分明显，产品在高光的映衬下，很好地"跳"到了用户的面前，视觉冲击效果十分明显。

图9-17

9.4 设计案例解析

9.4.1 焦点轮播海报设计：PC端焦点轮播广告设计

设计说明：高端家纺店面的焦点广告设计，一方面要体现出产品的独特性和质量度，另一方面也要通过营造意境，为用户传达一种高贵、华丽、舒适、优雅的格调。本案例在设计时，特意运用具有中国青花瓷风格的花卉背景来渲染整体的视觉画面。最终设计效果如图9-18所示。

图9-18

具体操作步骤如下。

步骤/01 确定设计规范。新建一个空白文件，将宽度设置为1920像素，高度设置为600像素，背景色设置为白色。高度尺寸的设置，建议不要超过600像素。太高的尺寸将影响首屏视觉效果的展示。

步骤/02 设置背景。新建一个空白图层，并将其命名为"背景"，然后将前景色设置为#f50660。选择工具箱中的画笔工具，将画笔资源文件载入。为了更好地展现效果，在绘制时可先绘制页面的边缘部分，如图9-19所示。

图9-19

步骤/03 修饰背景。将前景色设置为#06a9f5，在花瓣的周围做适当的修饰，凸显青瓷风格的视觉效果，如图9-20所示。绘制的具体数量要注意与周围#f50660色花瓣的协调性。

图9-20

步骤/04 细化背景效果。新建一个空白图层，将前景色设置为#053f62，设置图层的混合模式为"排除"，将图层的"不透明度"设置为50%。

步骤/05 为背景添加滤镜特效。创建"背景"图层的副本图层，设置图层的混合模式为"柔光"。选择菜单中的"滤镜"｜"滤镜库"命令，在纹理库中选择"染色玻璃"滤镜，为背景添加优雅的修饰效果。参数设置及效果如图9-21所示。

图9-21

步骤/06 添加产品图像。打开素材文件，将其移动至当前设计文档中，并放置在页面适当的位置。在放置产品图像时一定要考虑到页面的整体布局。如图9-22所示，将其放置在页面的左侧。

图9-22

步骤/07 调整图像的饱和度，增加素材图像的色感。打开"图层"面板，创建"色相/饱和度"调整图层，增加素材图像的饱和度，如图9-23所示。饱和度的提升有助于提升产品的质量度和价值。

图9-23

步骤/08 自定义笔刷，绘制"心"形状。新建一个空白文件，背景设置为"透明"，然后绘制一个如图9-24所示的形状。按Ctrl+Shift+Enter组合键，将形状载入选区。选择菜单中的"编辑"｜"定义画笔预设"命令，定义一个"心"形状笔刷。

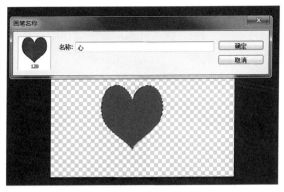

图9-24

步骤/09 绘制修饰图形。将前景色设置为#053f62，保持与背景颜色的一致性。选择工具箱中的画笔工具，设置笔刷的"不透明度"为30%，按F5键打开"画笔"面板，设置笔刷的"画笔笔尖形状"和"形状动态"选项。具体参数设置及效果如图9-25所示。这样做可以绘制出大小、间距不等的图形效果。

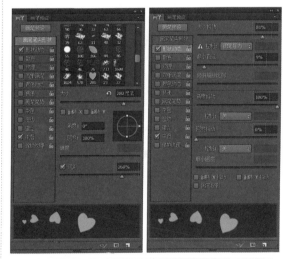

图9-25

步骤/10 借用虚实的设计技巧完善页面效果。选择工具箱中的自定义形状工具，绘制一个"心"形状，然后将素材文件（素材\第9章\9.4.1\睡眠.png）置入到当前设计文档中。选择菜单中的"图层"｜"创建剪贴蒙版"命令，为页面添加图形修饰效果，如图9-26所示。

图9-26

步骤/11 细化图形的视觉效果。选中"形状"图层，为其添加"描边"图层样式，描边颜色设置为#f50660，宽度设置为6像素，如图9-27所示。醒目的描边效果可以很快地吸引用户的注意力。

图9-27

步骤/12 借助色彩，继续强化页面图形对用户视觉的吸引力。这一步比较简单，只需简单的复制即可实现。完成后使用横排文字工具输入相应的文案内容，如图9-28所示。

图9-28

步骤/13 选用文字工具，添加标题文案。在此需要注意的是，输入的标题文案不要太松散，所以需要适当调整。为了强化标题文案的视觉效果，还可以借助通过复制文案的形式为文字添加清晰的白色发光效果，如图9-29所示。

图9-29

9.4.2 焦点轮播海报：首页形象广告设计

设计说明： 农特产品的首页广告设计，我们可以按照"图"与"文"相互映衬的思路进行设

计。"图"是对营销文案的视觉再现，"文"是
对图像内容的强化和说明。要做好这一点，就需
要我们在素材筛选时多花费一些力气。最终设计
效果如图9-30所示。

图9-30

具体操作步骤如下。

步骤/01 确定设计规范。新建一个空白文
件，将宽度设置为1920像素，将高度设置为500
像素，背景色设置为白色。高度尺寸的设置，建
议不要超过600像素。太高的尺寸将影响首屏视
觉效果的展示。

步骤/02 设置背景。客户要求创建店招与
焦点广告的联合体效果，所以在新建空白文件
时，可将文件命名为"店招+广告"，背景色设置
为白色即可，然后拖曳出一条辅助线使其位于页
面顶部，如图9-31所示。

图9-31

步骤/03 调整页面的尺寸大小。由于店
招的高度上限为150像素，所以，选择菜单中
的"图像"｜"画布大小"命令，弹出"画
布大小"对话框，如图9-32所示。更改图像
的尺寸，快速实现了页面的宽展，如图9-33
所示。

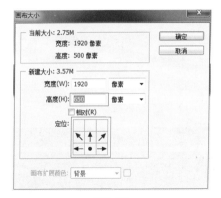

图9-32

图9-33

步骤/04 设置页面的背景色彩。将前景色
设置为红色，并使用前景色填充"背景"图层，
如图9-34所示。选择工具箱中的矩形工具，绘
制一个高30像素、宽1920像素的矩形，放置在
页面适当的位置作为导航。打开"图层"面板，
为矩形添加适当的"投影"图层样式，如图9-35
所示。

图9-34

图9-35

步骤/05 绘制店招的修饰图形。将前景色设置为白色，使用工具箱中的画笔工具在文档中进行涂抹，绘制出如图9-36所示的效果。在绘制时注意灵活更改笔刷直径的大小，以便于绘制的图形更有动态的流动效果。

图9-36

步骤/06 添加素材效果，突出店铺所销售的产品对象。将素材文件置入到当前文档中，调整大小并放置在页面适当的位置，如图9-37所示。接着使用工具箱中的横排文字工具，输入店铺的名称及英文文案，如图9-38所示。

图9-37

图9-38

步骤/07 为店铺标题文字添加效果，强化店铺名称的可读性。打开"图层"面板，为文字添加适当的"投影"图层样式，具体设置及效果如图9-39所示。

步骤/08 添加导航的文案内容，然后使用形状工具绘制3个"箭头"图形，放置在导航文案的左侧，如图9-40所示。这其实是借助图形的影响力来突出导航文案的位置和存在感。

图9-39

图9-40

步骤/09 筛选素材文件，确定最适当的视觉环境。客户的要求是重点表现"天然种植、自然生长"。所以我们最终选择了如图9-41所示的素材图像，用来表现客户的需要。

图9-41

步骤/10 制作菌菇生长的自然环境墙。置入素材文件"素材\第9章\9.4.2\墙檐.jpg"，将其放置在导航下方合适的位置，如图9-42所示。

图9-42

步骤/11 调整素材图像的色调。我们发现素材的色调偏亮，色彩的饱和度较低，整体效果显得不协调。打开"图层"面板，创建"色相/饱和度"调整图层，设置图像的色相，使其偏青色，与墙檐的色调相匹配。最后设置图层的混合模式为"叠加"。参数设置及效果如图9-43所示。

图9-43

步骤/12 置入产品图像，放置在页面的下方。创建"曲线"调整图层，改善图像的色彩和明暗度，如图9-44所示。这一步的调整实际是强化色彩的对比，让产品图像更清晰地进入用户的视线。

图9-44

步骤/13 添加文案内容，强调物流配送的质量度。为了强化服务，同时呼应店招的红色，所以可将文案设置为红色，同时添加白色描边效果，使整体的文案视觉既醒目又不显得杂乱。参数设置及效果如图9-45所示。

图9-45

步骤/14 细节优化，为主题文案添加"投影"图层样式，使文案的可读性更强，如图9-46

所示。当然，如果我们从色彩协调性出发，还可以将文字设置为绿色，如图9-47所示。至此本案例制作完成。

图9-46

图9-47

9.4.3 焦点轮播海报设计：促销为主的首屏焦点海报

促销为主的首屏焦点海报设计，首要的任务就是要将促销的氛围和气氛营造出来。本节内容将与大家一起分享通过强化版面的文案标题来设计一个以促销为主的海报。最终效果如图9-48所示。

图9-48

具体操作步骤如下。

步骤01 确定设计规范。新建一个空白文件，将宽度设置为1440像素，将高度设置为450像素，背景色设置为白色，如图9-49所示。高度尺寸的设置，建议不要超过600像素。太大的尺寸将影响首屏视觉效果的展示。

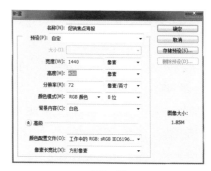

图9-49

步骤02 设置背景。将前景色设置为#ef0849，将背景色设置为#ce0940。使用渐变工具在文档中拖曳鼠标，制作如图9-50所示的径向渐变效果。

图9-50

步骤03 修饰背景，制作背景的玻璃光影效果。选择工具箱中的多边形套索工具，在文档中绘制如图9-51所示的"四边形"选区。然后选择菜单中的"图像"｜"调整"｜"亮度/对比度"命令，适当降低所选区域的颜色明度，使背景的分割更清晰，如图9-52所示。

图9-51

图9-52

步骤/04 绘制分割背景的高光线。选择工具箱中的多边形套索工具，在文档中绘制一个如图9-53所示的矩形选区。新建一个空白图层，并使用白色填充选区，如图9-54所示。按Ctrl+D组合键取消选区。选择工具箱中的橡皮擦工具，擦除多余的内容，制作出分割版面的高光效果，如图9-55所示。

图9-53

图9-54

图9-55

步骤/05 为了提高大家设计的效率，节省制作时间，在此可借助第三方工具软件来制作醒目的标题文案。启动Xara3D6软件，单击窗口左侧的"文字选项"按钮，如图9-56所示。然后将系统默认的模板文字设置为我们设计所需要的文案内容。例如，本案例中可设置为"优+惠+赠"（用户如需使用，请下载试用版或购买正版软

件），如图9-57所示。

图9-56

图9-57

步骤/06 修改+符号的位置。单击选项栏中的"基线移动"按钮，将+符号位置适当向下移动，如图9-58所示。这是为了后面更方便制作文案的倒影效果。单击窗口左下角的"边框"按钮，取消文字的边框，如图9-59所示。

图9-58

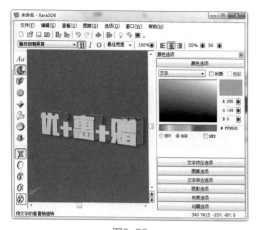

图9-59

步骤/07 修改文字的外观，让文字更有视觉美感。依次单击窗口左侧的"文字挤压"按钮，设置文字的挤压厚度，如图9-60所示。单击"文字斜边"按钮，调整文字的边角效果，如图9-61所示。

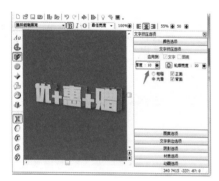

图9-60

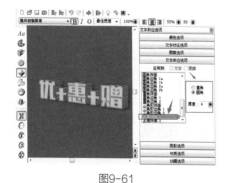

图9-61

步骤/08 设置文字的颜色和灯光效果。单击窗口左侧的"颜色"按钮，依次为文字设置正面颜色和侧面颜色，效果如图9-62所示。

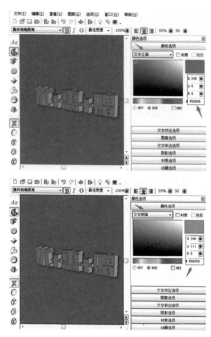

图9-62

步骤/09 单击窗口左侧的"阴影"按钮，取消文字的阴影。然后选择菜单中的"文件"｜"导出"命令，将文字导出为透明效果。注意，勾选"透明"复选框，同时为了保证输出的视觉质量，在此可选中"真彩色（24-位）"单选按钮，如图9-63所示。

图9-63

步骤/10 再次返回到Photoshop软件设计的文档中，将刚才输出的标题文案文件置入到当前设计文档中，并放置在页面适当的位置。按Ctrl+J组合键，创建素材文件的副本图层。选择菜单中的"编辑"｜"变换"｜"垂直翻转"命令，将副本文件进行垂直翻转，如图9-64所示。选择菜单中的"编辑"｜"变换"｜"斜切"命令,拖动鼠标对文字内容进行斜切操作,如图9-65所示。

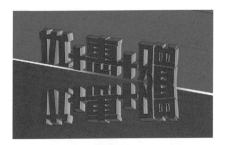

图9-64

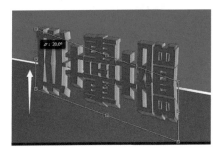

图9-65

步骤/11 制作倒影,为图层添加图层蒙版,遮盖多余的区域。打开"图层"面板,为副本图层添加图层蒙版。选择工具箱中的画笔工具,将前景色设置为黑色,然后在蒙版中进行涂抹,遮盖多余的区域,完成文字倒影的制作,如图9-66所示。

图9-66

步骤/12 绘制光影,修饰文案的场景。选

择工具箱中的多边形套索工具,绘制如图9-67所示的矩形选区。然后使用黄色填充选区,如图9-68所示。按Ctrl+D组合键取消选区。选择工具箱中的橡皮擦工具,将多余的区域擦除,制作除背景外的光影效果,如图9-69所示。之所以制作为斜线光,是为了保持与版面分割的一致性。

图9-67

图9-68

图9-69

步骤/13 定义图案,强化促销的氛围。新建一个空白图层,并将其命名为"彩飘"。新建一个空白文件,背景色设置为"透明",如图9-70所示。选择工具箱中的多边形套索工具,依次绘制角度不同的三角形选区并填充不同的颜色,按Ctrl+A组合键,全选该文档区域。选择菜单中的"编辑"|"定义图案"命令,将所绘制的"彩飘"定义为图案,如图9-71所示。

图9-70

图9-71

步骤/14 返回到"彩飘"图层中，选择菜单中的"编辑"｜"填充"命令，选择之前定义好的"彩飘"图案填充文档，如图9-72所示。打开"图层"面板，创建图层蒙版。选择工具箱中的画笔工具，将前景色设置为黑色，在图层蒙版中进行涂抹，隐藏多余的彩飘，如图9-73所示。

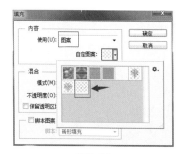

图9-72

图9-73

步骤/15 添加必要的辅助文案。选择工具箱中的横排文字工具，输入相应的文案内容。按Ctrl+T组合键，适当旋转文案内容使其与版面分割的斜线白光相统一，如图9-74所示。

图9-74

图9-74（续）

步骤/16 按Ctrl+J组合键创建相应文案的副本图层，选择菜单中的"滤镜"｜"模糊"｜"动感模糊"命令，强化文案的动感效果，如图9-75所示。打开"图层"面板，适当降低文案内容的"不透明度"，使画面整体的层次更清晰，如图9-76所示。

图9-75

图9-76

步骤/17 添加模特图像和平台的Logo以及红包标示，效果如图9-77所示。一方面可以引导用户的视线和参与的欲望；另一方面也更清楚地说明了促销所属的平台。至此，最终效果设计完成。

图9-77

9.4.4 焦点轮播海报设计：做好构
图用好素材

抱怨并不能解决问题，所以对于设计师而言，就是要学会如何合理地运用已有的素材，结合需要设计出符合视觉营销需求的作品。本节内容将与大家一起分享一个沐浴露产品的海报设计技巧。最终设计效果如图9-78所示。

图9-78

具体操作步骤如下。

步骤/01 确定设计的尺寸。本案例需要设计一个通栏海报，所以将设计尺寸宽度设置为1440像素、高度设置为450像素。然后置入素材文件（素材\第9章\9.4.4\沐浴露bj.jpg），如图9-79所示。

步骤/02 完善海报的背景。置入素材文件（素材\第9章\9.4.4\结冰.png），可以发现素材图像的色调明显偏绿，与我们要求的蓝色冰爽有差距。使用工具箱中的多边形选框工具创建选区，然后添加图层蒙版，遮盖多余的区域，如图9-80所示。

图9-79

图9-80

步骤/03 校正图像的色调。打开"图层"面板，创建"曲线"调整图层，分别调整"绿"通道和"蓝"通道的曲线弧度，改善图像的偏色。选择"曲线"调整图层，选择菜单中的"图层"｜"创建剪贴蒙版"命令，使"曲线"调整图层仅影响"结冰"图层，如图9-81所示。

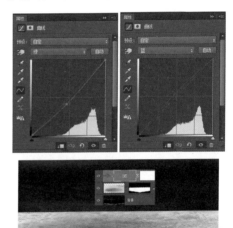

图9-81

步骤/04 添加冰爽的浪花。置入素材文件（素材\第9章\9.4.4\浪花.png），将其放置在页面适当位置，如图9-82所示。打开"图层"面板，创建图层蒙版，将前景色设置为黑色，选择工具箱中的画笔工具，使用柔性笔刷在蒙版中涂抹，遮盖多余的区域，如图9-83所示。

图9-82

图9-83

步骤/05 修饰浪花。将前景色设置为白色，选择工具箱中的画笔工具，更改笔刷的"不透明度"为50%，拖曳鼠标，在文档中绘制如图9-84所示的"烟雾效果"。"烟雾效果"既可以遮盖"浪花"的缺陷，也可以渲染冰爽的视觉氛围。

图9-84

步骤/06 添加融散的冰块效果。置入素材文件（素材\第9章\9.4.4\冰.png），将其放置在页面适当位置，如图9-85所示。打开"图层"面板，创建图层蒙版，将前景色设置为黑色，选择工具箱中的画笔工具，使用柔性笔刷在蒙版中涂抹，遮盖多余的区域。然后将图层的混合模式为"溶解"，使冰块的边缘产生逐渐融散的状态，如图9-86所示。

图9-85

图9-86

步骤/07 添加产品对象，使用工具箱中的移动工具将其置于页面的中心位置，产生"冰块托起"的视觉效果，增强产品功效的视觉冲击力，如图9-87所示。

图9-87

步骤/08 强化产品形象。置入素材文件（素材\第9章\9.4.4\烟雾.png），将其放置在页面适当位置，如图9-88所示。打开"图层"面板，创建图层蒙版，将前景色设置为黑色，选择工具箱中的画笔工具，使用柔性笔刷在蒙版中涂抹，遮盖多余的区域。然后设置图层的混合模式为"滤色"，使烟雾融于产品周围，强化产品形象，如图9-89所示。

图9-88

图9-89

步骤/09 添加产品文案。使用工具箱的吸管工具在产品图像中单击，吸取颜色#cf780e，作为文案的颜色及（背景修饰）矩形的颜色。选择工具箱中的横排文字工具，输入文案内容。注意文案内容之间的层次性和对比性。选择菜单中的"图层"｜"图层样式"｜"描边"命令，为文案添加"描边"图层样式，增强文案的可读性。参数设置及效果如图9-90所示。

图9-90

步骤/10 添加"行动号召"按钮。注意文案内容之间的对齐效果，体现设计的严谨性（注意，版式构图：三角形构图），如图9-91所示。

图9-91

9.4.5 焦点轮播海报设计：用好光影对比

电商网站与其他网站的Banner设计一样，都不能使用太多的颜色，否则就会显得很杂乱，从而影响产品的展现形象。本节内容将借用背景色与产品色同大家分享一个化妆品卖家的Banner设计技巧。最终设计效果如图9-92所示。

图9-92

具体操作步骤如下。

步骤/01 新建一个空白文档，将宽度设置为960像素，高度设置为300像素，分辨率设置为72像素/英寸。为了保证两端留有足够的边距，可使用参考线规划出基本的框架结构，如图9-93所示。

图9-93

步骤/02 将前景色设置为#0099cc，背景色设置为#004c64。然后使用渐变工具制作如图9-94所示的线性渐变效果。

图9-94

步骤/03 调整背景光影的分布。继续新建一个空白图层，然后使用黑白渐变填充图层，如图9-95所示。然后将图层的混合模式设置为"正片叠底"，效果如图9-96所示。这样就将背景的明暗对比进行了优化，更有利于浏览者视线的停驻。

图9-95

图9-96

步骤/04 使用1像素的图案填充。新建一个空白图层，并将其命名为"图案"。接着新建一个空白文件，大小设置为3像素×3像素，然后将前景色设置为白色，选择工具箱中的铅笔工具，设置直径为1像素，然后绘制如图9-97所示的图案。

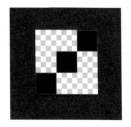

图9-97

> **提示** 为了大家便于查看，作者对所用白色进行了反相显示。

步骤/05 将所绘制形状定义为图案，然后填充"图案"图层，效果如图9-98所示。接着设置图层的混合模式为"柔光"，效果如图9-99所示。

图9-98

图9-99

步骤/06 制作页面的高光照射区。新建一个空白图层，使用画笔工具绘制如图9-100所示的线段。然后为其运用"径向模糊"滤镜，如图9-101所示。最后调整径向模糊形状的位置，即可获得页面的高光照射效果，如图9-102所示。

图9-100

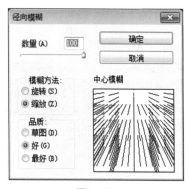

图9-101

图9-102

步骤/07 让高光照射的白色与背景色更融洽。打开"图层"面板，将图层的混合模式设置为"叠加"，"不透明度"设置为90%。完成后，复制高光得到其他的照射源，如图9-103所示。

图9-103

步骤/08 输入文案内容，注意文案的层级设置。选择工具箱中的横排文字工具，输入相应的文案内容。为了文案更容易识别，在此选用了微软雅黑字体，如图9-104所示。

图9-104

步骤/09 置入产品的主体图像，通过调用不同剂量的产品，使版面的大小对比十分清晰，如图9-105所示。

图9-105

步骤/10 制作地面的反射光。使用工具箱中的画笔工具绘制一条白色线段。然后为线段添加"高斯模糊"滤镜，如图9-106所示。完成后，使用工具箱中的橡皮擦工具擦除多余的部分即可。然后在"图层"面板中将图层的混合模式设置为"叠加"，让高光融入背景中，如图9-107所示。

图9-106

图9-107

步骤/11 制作地面产品的反光。只需将产品复制并垂直翻转，然后添加图层蒙版，遮盖多余部分即可，如图9-108所示。

图9-108

步骤/12 制作特效字。选择工具箱中的横排文字工具，输入文案VIP，并调整字号的大小。按Ctrl+J组合键，创建两个文字的副本图层，并设置文字的颜色，然后依次将其栅格化，如图9-109所示。

图9-109

步骤/13 为"阴影"添加"高斯模糊"滤镜。参数设置及效果如图9-110所示。将阴影单独制作更容易控制。

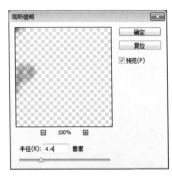

图9-110

步骤/14 为"立体"部分添加渐变填充。在选用渐变色时，笔者借用了背景色#38c2ff及产品色#ec5b8a，效果如图9-111所示。

图9-111

步骤/15 为"高光"部分应用"斜面和浮雕"图层样式，所用图案为前面定义的图案，如图9-112所示。完成后，在"图层"面板中将图层的混合模式设置为"叠加"，效果如图9-113所示。

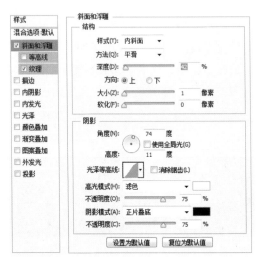

图9-112

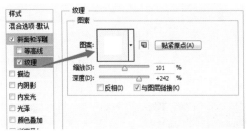

图9-113

步骤/16 修饰特效字。在此我们可以发现，虽然产品色与背景色被巧妙地运用了，但似乎有点暗。新建一个空白图层，然后使用白色对文字描边，如图9-114所示。继续新建一个空白图层，使用颜色为#a64d8f叠加于文字上方，如图9-115所示。在"图层"面板中将图层混合模式设置为"颜色减淡"，如图9-116所示。

图9-114　　　　　　　　　图9-115

图9-116

步骤/17 使用粒子修饰文字。在特效文字上添加粒子修饰，是设计师常用的方法。这里只

需选择工具箱中的画笔工具，然后设置较小的笔刷直径，在文档中进行绘制即可，如图9-117所示。至此，完成了本案例的制作。

图9-117

第 10 章

网店首页设计

章前
导语

　　不管是哪一种类型的店铺，设计师都应该针对特定的目标消费群体进行细致的分析，例如他们的年龄、喜好、浏览习惯、喜欢的色彩色调等。这些分析结果将有助于设计师准确把握用户的点击心理，做好店面的整体设计。本章将与大家一起分享店铺首页设计的技巧和案例制作过程。

本章将围绕店面的色彩搭配和布局设计进行讲解，如图10-1所示。

图10-1

10.1 创造浏览者的第一眼印象

淘宝店面的设计同样包含着营销的元素。所以，设计师在设计淘宝店面时也应该按照网络营销中"漏斗"的原理来思考和设计店面的视觉布局。故此，店面设计时创造浏览者的第一眼印象就变得非常关键。

10.1.1 设计"情调"，提升购物的欲望

本节内容将与大家一起分享设计"情调"对提升浏览者购物转换的影响。店面的设计代表着店面的一种格调和定位，它是店铺卖家与客户进行悄无声息交流的有效通道。之所以说是悄无声息，是因为浏览者进入我们的店铺时，他们看到眼里的印象是什么，我们就是什么，他们看到的店面设计如果是随意、不专业、不讲究的，那么

我们店铺也就只能在廉价、低档的阶段里"混"了；反之，如果浏览者看到我们的店铺是专业、有格调、有讲究的设计，那么，我们的店面所销售的就是品质、时尚、有品位的代名词。一句话，什么样的设计效果，决定了我们的产品能卖给谁、能卖一个什么样的价格。这一点我们在实体店的设计中亦有无数的案例可以说明。以酒店为例，星级酒店与普通的快捷酒店的房间大小、空调品牌、桌椅等硬件设备有很大的差异吗？非也，住宿的价格差异是由于设计装修的差异而造成的。

如图10-2所示的店铺在销售沙发，最低价的沙发都接近2000元，但是这样的店面设计会让浏览者觉得商品值2000多元吗？会有购买的冲动吗？问题就在于店面的设计质量没有将产品的价值完全衬托出来、产品的价值没有完全呈现出来。

图10-2

再看看如图10-3所示的店面，你有购买的冲动吗？你觉得产品有价值吗？你喜欢这样的店面格调吗？所以，好的销售结果也就不足为奇了。通透的视觉效果、醒目的色彩对比，提升了产品的质量和设计档次。

图10-3

10.1.2 导航设计，给出消费的原因

本节内容主要与大家分享设计导航到底该如何实施？导航设计就是要给消费者一个消费的原因和理由。

为什么这样说呢？我们先思考一个问题：设计导航要清晰、要简单，实际要达到的目的是什么呢？恐怕还是想创造便捷消费的入口吧。

巧妙地设计导航，可以实现店铺内高效的流量转换，进而提升流量的价值。

1.高效推送：基本的分类设计

浏览者面对大量的商品，该如何选择？选择哪一款最"有面子"？选择哪一种产品最具有内涵？在淘宝平台购物的人群，多数比较繁忙，没有太多的业余时间，更缺乏了解产品的专业知识，所以页内分类导航的设计要让浏览者能够快速发现与自己需求相匹配的产品，如图10-4所示。

图10-4

2.精准分类：让产品更清晰

这种设计方式最直观，它是浏览者近距离了解产品、认知品牌的最便捷途径。在具体设计时，设计师可按照产品的材质、用途、类型、款式、品牌、制作工艺等进行分类，如图10-5所示。这样设计最明显的好处就是便于浏览者"近距离"按类别及需求了解希望购买的商品特征和用途。

图10-5

3.开门见山：让价格与消费者的购买更透明

不要觉得太赤裸。刚开始就和消费者谈价格，按价格类别来设计分类导航，可以快速实现价格与消费者的购买区间相匹配。这样设计的优点是，可以让浏览者快速发现店家的销售价位和销售定位，为浏览者提供明确的价格暗示，以便于获取更为精准的目标消费者。

现在，越来越多的商家也开始利用"二八理论"来主推热销产品。所以，除了利用价格销售定位外，也开始注意将销量与价格相结合来设计产品的类目，如图10-6所示。

图10-6

10.1.3 作为设计师，应该知晓3种常见的店铺布局

本节内容将与大家一起分享设计师应该知晓的3种常见店铺布局。

店铺的格局设计一定要清晰，最基本的要求就是不管浏览者通过何种方式进入我们的店铺，设计师在设计店面时都应该注意搭建不同产品、不同页面之间的分类通道，这样才会增加浏览者在店铺浏览的时间，从而增加销售转换的概率。

在淘宝平台中，最常见的版式设计有3种，即单栏式设计、双栏式设计、三栏式设计。作为设计师，我们应该对这3种布局的应用优点和特征有所了解。

1.单栏式设计

单栏式设计所产生的视觉冲击效果最明显，浏览者在水平方向上没有任何阅读干扰物。所以，可以很直接地了解商品的详情，如图10-7所示。此种布局可应用于店铺有针对性地主推多款商品的设计。

图10-7

2.双栏式设计

双栏式设计适用于卖家既有单品推荐又有类目推荐时使用，这样的布局会让浏览者感觉店家的商品种类很丰富。

3.三栏式设计

三栏式设计适用于多款单品推荐的店铺，需要注意的是，三栏式布局均化了页面的分布，会使页面没有突出的重点，所以在设计中作者认为，设计师可灵活结合单栏布局、双栏布局进行交叉使用，如图10-8所示。

图10-8

10.1.4 首屏设计的5种类型很重要

淘宝店面的首屏设计，就像实体店的橱窗设计，其主要目的就是让浏览者"走进"店里，然后滑动鼠标，进入第2屏、第3屏的商品陈列区，了解更多的商品信息。所以对于店铺的首屏设计，设计师应该将最吸引浏览者的元素设置出来，将最具诱惑力的卖点展示出来。本节内容将与大家一起分享首屏设计常见的5种类型。

1.通用直观式

此种设计方式最主要的一点就是要求设计师结合产品的卖点及素材图像，创造出强烈的视觉冲击力，激发浏览者的视觉体验。如图10-9所示的是卖点为"过膝"，模特的展示则对浏览者起到了很好的视觉刺激作用。

图10-9

2.网站首页式

此种设计方式参考了网站的设计技巧，将产品的促销信息、热卖产品等一起展示出来。如图10-10所示的是通过模特展示，容易激发浏览者产生亲身体验的欲望。

图10-10

图10-10（续）

3.主题推荐式

此种设计方式可适用于新品上市、爆款推荐等活动中，让买家可以在短时间内浏览到店铺的新品和爆款。但此类设计方式不适用于饰品、内衣等识别度较高的产品，如图10-11所示。

图10-11

4.旗舰亮丽式

此种设计方式可以很好地烘托店铺的气势，所以在大型展示、促销活动期间可使用，而在正常经营期间，建议还是少使用这种设计方式。毕竟旗舰亮丽式的设计效果会影响到页面的打开速度和页面内容的快速展示，如图10-12所示。

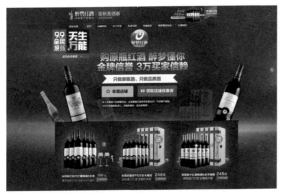

图10-12

5.多位一体式

此类设计方式的优点在于卖家可以在同一时间内密集地向浏览者传达更多的产品信息。故此，对于具有一定客户群体的店铺可推荐使用，但是对于新卖家而言，这种设计方式也会因为视觉焦点的分散而无法聚焦浏览者的注意力，如图10-13所示。

图10-13

10.2 恰当分割页面的5个区域

店面设计的最终目的就是要有效地提升浏览者的购买量。所以，设计师应该按照产品的特征和用户群体的特征合理规划页面的布局。本节将与大家一起分享恰当分割页面的5种常见方式。

10.2.1 顶部形象区

不论用户是通过淘宝搜索的方式，还是直接点击推广链接的方式进入店面，在浏览器的上端部分永远都是最先看到店铺的顶部。具体来说也就是网店的店招，它直接决定了该店铺在用户心中的形象，如图10-14所示。

基于互联网的思维，几乎没有浏览者不喜欢占小便宜的，所以在顶部的形象区，应该向用户传达3种信息，即店铺的商品、店铺的实力和品牌影响力、用户有没有合理的"便宜"可占。

图10-14

10.2.2 首屏吸引区

店面的首屏设计，就像产品的外包装、书籍的封面一样，承载了向浏览者展示品牌形象、产品特征的功能。最主要的是能够在5秒之内迅速唤起浏览者点击的欲望。一般来说，首屏设计主要是向浏览者传达品牌印象、视觉感受；推荐镇店之宝、优惠促销、新品上市等内容。其功能大致相当于书籍的内容介绍。很多时候，读者购买一本书多会通过内容介绍来迅速了解一本书的基本结构。同理，首屏设计也可以起到迅速让浏览者了解店铺、进入店铺的基本功效，如图10-15所示。

图10-15

此外，还包括店铺的导航、特卖推荐等内容。导航的设计主要起到增加流量入口、方便浏览者浏览的作用，而特卖推荐则迎合了任何浏览者都喜欢占小便宜的心理。

顺便说一下，有的设计师和店铺喜欢在首屏就设计搜索功能。但这样的设计带有一定的风险性。除非我们的品牌影响力比较大，或者有大量忠实的顾客存在，否则好不容易进来的流量又会随着"搜索"而外流。

10.2.3 营造氛围的促销区

良好的促销气氛，可以让温馨和愉悦直达消费者心中，从而获得良好的浏览体验和经济效益。事实证明，良好的购物氛围是每一位商家、设计师都十分关注的设计和运营焦点。本节内容将与大家一起分享营造良好促销氛围的4点技巧。

1.巧妙的设计促销宣传

淘宝店面的促销宣传主要通过店面海报、直通车、钻展海报等形式进行，在具体展现形式上应结合店面活动、运营策划的需要来进行；在具体的设计方式上，设计师应充分从购物者的角度出发，站在浏览者的立场上去思考问题，然后将浏览者的感受和需求与店面的促销目的相结合，这样才能获得不错的点击量和转化率。如

图10-16所示，喜庆的灯笼、飘落的花瓣、醒目的折扣信息，时刻都在碰击着浏览者的消费神经。

图10-16

2.促销商品按类别陈列

同一店铺中会销售同一产品的多种款式，所以从营造销售氛围的设计角度来看，设计师可考虑将参与促销活动的促销商品按类别陈列。这样会向浏览者传达出"很实惠、很划算"的心理暗示，如图10-17所示。

图10-17

3.对促销商品的集中陈列

为提升陈列丰满度和促销丰富度，设计师在设计页面内容时可考虑对促销商品的集中陈列。这样的陈列方式会向浏览者传达出"本店的促销优惠都在这里了，错过这个机会就没有了"的心理暗示，如图10-18所示。

图10-18

4.巧妙地使用数字组合

在节假日期间如果能巧妙地让利，就会吸引顾客。这一点在浏览者心目中好像都已经约定俗成了，故此设计师也应该合理运用好这一"浏览规则"。例如，满199元减19元现金、满188元减18元现金等，在节假日中，利用8、9等吉利的数字，采用视觉化的符号展现在浏览者的面前，尽管优惠的比例很小，但在传统文化里面，这些微弱的"满减数字"却代表着福气和财气，如图10-19所示。

图10-19

10.2.4 建立情感的交互区

这一点主要是为了呼应"营造氛围的促销区"的设计，使其更具有黏度。通常来说，可通过添加在线客服、二维码扫描、店铺收藏、领取优惠券等方式来实现，如图10-20所示。当然，并不是一定要将这些内容限制在某一个区域，而是参考浏览者的浏览特征，灵活设置。例如，考虑到浏览者浏览的随意性和不确定性，设计师可在页面中间断性地设置在线客服，这样无形中就会给浏览者传达一种"服务无处不在"的体验感觉。

图10-20

10.2.5 不可忽略的页脚区

页脚区的设计，实际是为了增强浏览者的记忆力而安排的。一方面，它明确告知了浏览者购买商品的流程、注意事项、积分奖励等"温习提示"；另一方面，我们也应该清晰地认识到，很多时候浏览者看完一遍店面的商品内容后会犹豫不决。此时，设计师亟须对浏览者进行再次"攻心"，促使其返回首页再次浏览。如图10-21所示，几乎所有的店面都为浏览者提供了返回首页、收藏本店等内容。

图10-21

10.3 素材图像管理的3个技巧

设计师每天都要面对大量的设计素材。但有时候快速找到适合自己需要的素材却很困难。本节内容将与大家一起分享3个素材图像的管理技巧。

10.3.1 制定素材图像设计的标准

很多时候，卖家需要设计师高效精准地完成产品广告的上线任务，此时设计师如果提前按照客户的喜好制作一个设计标准，无疑会提升设计的效率。例如：海报的主图像要求、文案图形的色彩使用、修饰物的选用。

如图10-22所示，即为本章所设计的海报制作标准，这样一来，我们只需简单地更换一下产品图像、文案内容、展示位置，即可快速完成产品海报的制作。

图10-22

10.3.2 素材的管理

但凡有过设计经历的设计师都遇到过素材难找的困惑。所以素材的管理很重要。本节内容将与大家一起分享3个素材的管理方法。

1.类目的划分要清晰

网络营销讲究的是精准，只有精准地投入，才能在浩瀚的互联网世界中获得精准的回报。同样，对于设计师而言，素材的类目划分也要清晰。或许您的素材管理是按照如图10-23所示的方式在管理。

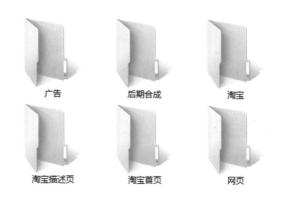

图10-23

但实际上，这样的划分很笼统，更为精准的类目划分应该如图10-24所示。

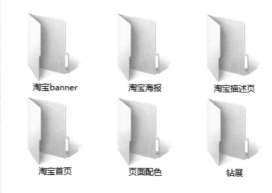

图10-24

2.关键词要有针对性

规划好了类目，仅仅是设计师搭建好了快速查找素材的基本框架。接着还需要设置更为精准的关键词，以符合设计师日常设计的需要，如图10-25所示。

家电通栏海报

匹配关键词：|

绿色湖畔　　合家欢乐　　美女模特

图10-25

其中，"绿色湖畔"是为了辅助说明产品绿色环保与节能；"合家欢乐"则是表明家电产品所带来的实际效应和结果；"美女模特"则是直接明了地吸引浏览者的眼球，提升产品的注意力。

3.搜索引擎要会用

或许，你会说，搜索引擎谁不会用呀，"百度一下"不就万事大吉了，但实际上这种思考方式是简单而粗暴的，这样的解决方案完全不合理，而且没有针对性。正确的方法如下。

步骤/01　打开图像搜索引擎，然后单击"图片"选项。先不要着急输入关键词。认真观察一下再行动，如图10-26所示。

图10-26

步骤/02　单击右侧的"照相机"图标。如图10-27所示，这是百度等搜索引擎新增加的基于图像识别的新功能。选择需要参照的素材图像，然后静待奇迹的发生吧！

图10-27

怎么样？是不是很符合您的设计口味呢。虽然鞋子的颜色不同、品牌不同，但是其款式基本上都是相同的，都带有褶皱和包边样式，如图10-28所示。

图10-28

10.3.3　边框的添加

为淘宝店面中特定的宝贝添加边框，的确是一件很简单的事情。要说操作，大家都会，但对于设计师而言，要掌握在哪里添加、何时添加边框才是提升店面转化率的核心因素。本节内容将与大家一起分享两个添加边框的小秘密。

1.在哪里添加边框

边框有一个最大的功效，就是约束浏览者的视线，将其很好地约束在一定的范围之内。所以，对于淘宝店面的每一位浏览者，我们都希望他们能静心、仔细地浏览每一件商品，尤其是店面的爆款、热卖款。而添加边框不失为一种合理的方法，它会悄无声息地聚集浏览者的视线。如图10-29所示，这家的"龙记叉烧樱桃肉"较其他商品是不是显得很醒目。

图10-29

2.何时添加边框

如果一味地添加边框，也会让店面变得千篇一律。所以，最好的方式是将边框添加在用户鼠标悬停于商品图像上方时。为什么呢？因为在边框聚集浏览者视线的心理暗示下，边框会很自然地引导浏览者点击我们的宝贝。

10.4 实战：女鞋店面设计案例

淘宝店面的全案设计，要求设计师既要考虑到整体布局的协调性，也要考虑到浏览者购物体验的需求性。所以一个完整的店面设计案例，至少包含了色彩搭配、布局技巧、浏览体验、字体设计等诸多方面的内容。本节内容将综合运用Photoshop软件的各项设计技巧，与大家一起来分享一个女鞋店面设计的案例。

10.4.1 店铺的店招设计

品牌女鞋店招的设计，除了展示品牌的Logo、店面的实力外，还可以借助信息化的手段将二维码等推广技巧应用其中，以实现店家和浏览者之间的互动。本节内容首先一起分享女鞋店铺的店招设计技巧。最终设计效果如图10-30所示。

图10-30

具体操作步骤如下。

步骤/01 确定店招的基本尺寸。新建一个空白文档，将宽度设置为1920像素，将高度设置为120像素。由于该店招设计主要定位对象为18岁以上的女性，所以为了凸显该类人群的特征，作者使用了凸显女性柔美、自然的颜色#f3c37f作为店招的背景色，如图10-31所示。

图10-31

步骤/02 修饰背景。新建一个空白图层，并将其命名为"纹理"，然后使用定义好的图案进行填充，如图10-32所示。在"图层"面板中

设置图层的混合模式为"柔光""不透明度"为70%。

图10-32

步骤/03 置入网店的Logo。置入素材文件（素材\第10章\logo.psd），并将其放置于版面的左侧。洋红色的Logo颜色与自然柔和的颜色#f3c37f相结合，使整体的效果十分协调。

步骤/04 添加文案信息。选择工具箱中的横排文字工具，将字体设置为"微软雅黑"，字号大小设置为14点。输入可以体现网店品牌实力的文案内容并置于Logo的右侧。选择工具箱中的直线工具，绘制一条垂直直线，作为Logo与文案的分割线。完成后的效果如图10-33所示。

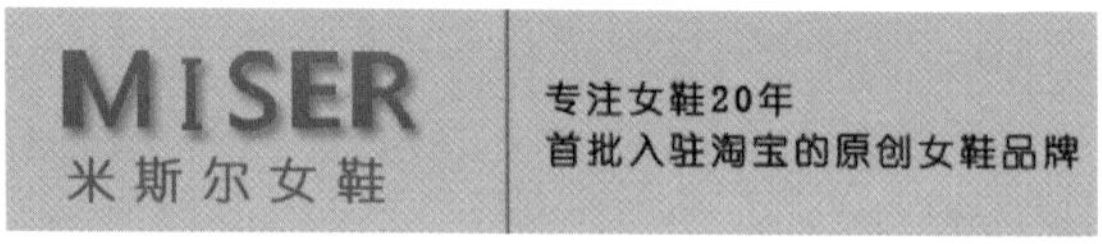

图10-33

步骤/05 添加产品图像。置入素材文件（素材\第10章\产品.psd），并将其放置于品牌文案的右侧，如图10-34所示。黑色的文案颜色与褐色女鞋的产品色在这里融为一体。

图10-34

步骤/06 借助信息手段添加二维码。登录相应的网站，按要求填写店铺的信息，即可快速生成所需要的二维码，并保存二维码图像，如图10-35所示。在Photoshop软件中将所生成的二维码图像置入到当前设计文档中，并放置在页面适合的位置，如图10-36所示。

图10-35

图10-36

步骤/07 添加其他"优惠"文案内容。选择工具箱中的横排文字工具，然后输入文案内容。然后更改文字的方向为垂直显示，如图10-37所示。主要是为了平衡版面的设计需要及呼应左边的一条垂直分割线。

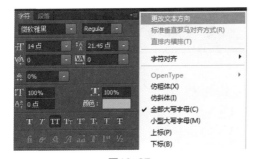

图10-37

10.4.2 店铺的导航设计

店铺的导航设计要突出简练、实用。所以，作者在颜色选用上使用了与Logo一致的颜色#c61c41。而在具体导航文案的设计上，直接将产品的特征加以表述。例如，"美腿短鞋、蕾丝长鞋"的导航文案均直观地说出了产品的基本特征。最终设计效果如图10-38所示。

图10-38

设计说明： 由于淘宝规定"店招+导航"的总高度不超过150像素，所以设定的导航栏高度为30像素，字号大小为14点，字体为"微软雅黑"。

10.4.3 主体促销海报设计

按照前面章节所述，首屏海报的设计要能够将产品最具诱惑力的卖点展示出来。所以，选用最能突出商品特征和个性的产品模特的局部作为首屏海报的主要视觉焦点。最终设计效果如图10-39所示。

图10-39

具体操作步骤如下。

步骤/01 确定主图的基本尺寸。新建一个空白文档，将宽度设置为1920像素，将高度设置为450像素。需要有序将页面的主要视觉效果显示在页面的可视区域。所以首先使用辅助线来确定页面的设计区域，左边部分留白460像素，右边部分留白460像素。以保持页面的实际视觉区域为1000像素。

步骤/02 设定页面的背景。置入主题海报的素材文件（素材\第10章\首屏.psd），然后调整至页面适当的位置。创建如图10-40所示的辅助线，分别位于页面的300像素、460像素、1460像素、1620像素的位置，以保持海报的视觉主显示区域位于页面的中央部分。

图10-40

步骤/03 去除主体素材图像中的杂质。选择工具箱中的自由套索工具，绘制如图10-41所示的选区，然后借助"内容识别"填充功能，将页面中多余的杂质去除，如图10-42所示。

图10-41

图10-42

步骤/04 添加合理的扩展素材。新建一个空白图层，并将其命名为"填充边缘"。然后使用相同的方法制作边缘填充物，放置于页面的两端，如图10-43所示。

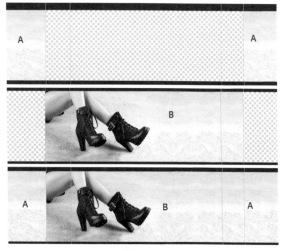

图10-43

步骤/05 绘制并填充选区。新建一个空白图层，并将其命名为"多边形"。然后创建如

图10-44所示的多边形选区，使用#b97749颜色进行填充。

图10-44

步骤/06 添加必要的卖点文案。选择工具箱中的横排文字工具，设置字体为"微软雅黑"，字号大小为60点，然后输入文案内容。选择需要重点突出的关键词，然后将文字的颜色设置为#b48470和#391821，如图10-45所示。这样便保持了文案颜色与产品颜色的一致性，从而保持了整体色调的一致性。

图10-45

步骤/07 完成其他文案的设计。使用相同的方法添加其他文字内容，如图10-46所示。在此提醒大家一定要有意识地在设计中添加一些英文文案，这样可以无形中提升产品的质量。

图10-46

步骤/08 美化主题文案内容。打开"图层样式"对话框，为文案内容添加高亮的白色描边效果，如图10-47所示。这样可以提高文案内容的可读性。

图10-47

步骤/09 添加具有感召力的"行动"口号和诱惑文案。选择工具箱中的矩形工具，绘制两个矩形形状，然后分别为其添加"投影"图层样式。然后在"图层"面板中设置图层的"不透明度"为45%，使得矩形产生具有玻璃效果的透明感。参数设置及效果如图10-48所示。

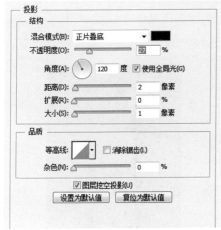

图10-48

步骤/10 输入文案内容，添加可以引起浏览者注意的红色修饰物。选择工具箱中的横排文字工具，依次输入产品的促销信息和折扣信息。将前景色设置为红色，然后使用矩形工具绘制如图10-49所示的红色矩形。

图10-49

步骤/11 放置店面所设定的优惠券，从而提高浏览者进店购买的概率，如图10-50所示。

图10-50

10.4.4 热卖专区设计

热卖专区是店铺销量高、口碑好、评价优的产品，也是店面吸引浏览者进店的重点推荐产品。所以作者认为，该区域的设计可首先通过产品海报向浏览者说明产品的热卖情况，以增加浏览者的信任度，然后通过矩阵的方式陈列出产品的详细图示。最终设计效果如图10-51所示。

图10-51

具体操作步骤如下。

步骤/01 使用辅助线搭建热卖区域的框架结构。在水平方向上，由于拟采用三栏式陈列商品，所以栏与栏之间需要保留10像素的间距。这样产品陈列区域正好等于淘宝平台所限定的950像素。在垂直方向上，可以设定相互之间的距离为5像素，如图10-52所示。

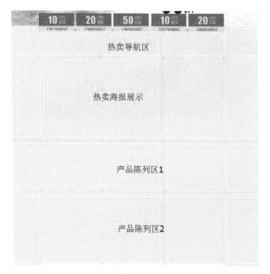

图10-52

步骤/02 设置热卖导航区。主导航的设计技巧是，继续使用#c61c41作为主色，然后使用工具箱中的横排文字工具输入相应的文案内容。注意文字之间的大小对比变化。然后选择工具箱中的矩形工具，设置边框为白色，绘制一个矩形放置在导航的四周，如图10-53所示。

图10-53

步骤/03 设计热卖产品的海报背景。新建一个空白图层，并将其命名为"海报"。然后使用矩形选框工具绘制一个长为950像素、高为400像素的矩形线框，并使用渐变色填充选区，如图10-54所示。置入素材文件，然后在"图层"面板中设置图层的混合模式为"正片叠底"，效果如图10-55所示。

图10-54

图10-55

步骤/04 增加图像的饱和度，提升设计画面的暖色调。打开"图层"面板，创建"色彩平衡"调整图层，调整"中间调"色彩的颜色值，使页面的饱和度得到改善，如图10-56所示。

图10-56

步骤/05 添加产品主图。置入素材文件（素材\第10章\10.4.4-2.psd），然后放置在页面适当的位置。再置入素材文件（素材\第10章\10.4.4-3.psd），然后放置在页面适当的位置。由于枝叶为夏季的绿叶，所以与冬天的设计格调不符，因此需要创建"通道混合器"调整图层，更改枝叶的色调为偏黄调的效果，如图10-57所示。

图10-57

步骤/06 添加必要的文案内容，如图10-58所示。注意文字的层次变化和大小对比。此外，为了引起浏览者的注意，添加了深红色的矩形作为关键词的底色。

图10-58

步骤/07 为主题文案内容添加"描边"图层样式，如图10-59所示。一方面保持页面色调的连续性；另一方面也有益于文字的阅读和识别。

步骤/08 陈列商品。新建一个空白图层，选择工具箱中的矩形工具，创建一个宽为85像素、高为25像素的矩形，并使用#c61c41进行填充。选择工具箱中的横排文字工具，输入标签的文案，适当增加文字之间的距离，避免标签文字的拥挤，如图10-60所示。最后盖印图层，以便于将标签重复应用于其他商品。

图10-59

图10-60

步骤/09 按照矩阵的方式陈列商品，如图10-61所示。考虑到本区域的商品为热卖商品，故此在标签设计上与其他区域的商品标签适当做了一些区分，但在色彩的使用上保持了连贯性。

步骤/10 添加客服专区，体现出热卖商品不仅仅是商品，还有更周到的热情服务，如图10-62所示。客服图标在店面上线后，卖家可灵活选用。在此就不做介绍了。

图10-61

图10-62

10.4.5 特色产品区的设计

特色产品区是可以代表店铺特征的产品。该区域在设计时，应尽可能地以表现产品的功能所带给浏览者的实际体验为设计切入点，然后通过良好的视觉设计展现出来。当然，内在设计展现形式上应表现出店面大气、亲和、可信等网络零售方面所具有的基本特点。最终设计效果如图10-63所示。

图10-63

具体操作步骤如下。

步骤／01 以产品的主要功能特征为切入

点，参考10.4.4节中步骤02的制作方式，首先完成导航区域的设计，如图10-64所示。

美腿马丁鞋区
高跟 | 中跟 | 圆头 | 细跟 | 粗跟 | 松糕底

图10-64

步骤／02 使用辅助线搭建热卖区域的框架结构。水平方向上，由于拟采用三栏式陈列商品，所以栏与栏之间需要保留10像素的间距。这样产品陈列区域正好等于淘宝平台所限定的950像素。在垂直方向上，可以设定相互之间的距离为5像素，如图10-65所示。为了更加便于浏览者查看商品，在设计中采用了"错位陈列，最后补齐"的设计理念。

图10-65

步骤／03 设计促销海报的背景。新建一个空白图层，然后选择工具箱中的矩形选框工具，绘制一个长为950像素、高为440像素的矩形选框。选择工具箱中的渐变工具，使用径向渐变填充选区，如图10-66所示。

图10-66

步骤/04 置入产品图像，并放置在页面适当的位置，为了增加设计效果的立体感，可将前景色设置为#494747，然后使用画笔工具绘制产品的阴影，如图10-67所示。

图10-67

步骤/05 置入模特图像。置入素材文件（素材\第10章\马丁鞋模特.psd），然后将其放置在文档的左侧并调整好位置。打开"图层"面板，为其添加图层蒙版，然后使用画笔工具在蒙版中涂抹，遮盖多余的边缘部分，使模特能够很好地融入背景中，如图10-68所示。

图10-68

图10-68（续）

步骤/06 添加网纹图案，增加画面的"性感"度。新建一个空白图层，并将其命名为"图案"。选择菜单中的"编辑"｜"填充"命令，然后使用前面所定义的图案填充图层。按Ctrl+J组合键，创建"图案"图层的副本图层。选择菜单中的"编辑"｜"变换"｜"水平翻转"命令，将填充图案进行水平翻转，目的是获得更为"性感"的网纹图案，如图10-69所示。

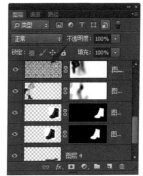

图10-69

步骤/07 打开"图层"面板，为其添加图层蒙版。然后使用画笔工具在蒙版中涂抹，遮盖多余的图案部分，目的是让图案与背景更融洽。

步骤/08 添加模特缩览图，与主图模特形成呼应。打开素材文件（素材\第10章\马丁鞋模特1.psd、马丁鞋模特2.psd），然后将产品图像放置在文档中适当的位置。按Ctrl+T组合键更改图像的大小，如图10-70所示。

图10-70

步骤/09 以产品的Logo色为主色调，添加必要的文案。将前景色设置为#d71c45，然后选择工具箱中的横排文字工具，输入相应的文案内容。使用同样的方法输入英文文案，如图10-71所示。注意文案字号大小的变化。

图10-71

步骤/10 添加影响浏览者产生购买行动的标签。保持前景色为#d71c45不变，选择工具箱中的矩形工具，绘制一个矩形。然后将前景色设置为黑色，再绘制一个矩形。使用横排文字工具输入相应的文案内容，如图10-72所示。这一步看似简单，实则非常关键。

图10-72

步骤/11 确定调校的重点。考虑到本区域重点突出的是"美腿鞋"这一独特卖点，所以在设计中应尽可能通过调整图像的色调、色彩来突出这一点。打开素材文件（素材\第10章\10.4.5-1.psd、10.4.5-2.psd、10.4.5-3.psd、10.4.5-4.psd、10.4.5-5.psd、10.4.5-6.psd），然后分别将其放置在页面适当的位置，并创建调整图层。

步骤/12 调整和校正素材图像的色彩和色调。打开"图层"面板，创建"亮度/对比度"调整图层，改善素材图像腿部的明度和对比度。创建"色彩平衡"调整图层，适当改善素材图像腿部的肤色，以提升整体设计效果的美感。参数设置及效果如图10-73所示。

图10-73

提 示 其他素材图像的色调、色彩调整与本素材调整的基本思路相同，在此不再逐一展示，请读者参看随书附带的源文件。

步骤/13 设计产品对应的标签。为了保持整体色调的协调，为该标签设定的颜色为Logo的近似色#de002c。将前景色设置为白色，然后使用矩形工具绘制一个长为310像素、高为160像素的矩形。再将前景色设置为# de002c，然后使用椭圆工具按住Shift键的同时绘制一个正圆形。最后使用横排文字工具输入相应的文案内容，注意文案色差的变化及字号大小的变化，如图10-74所示。由于该标签将在后面的设计中重复使用，所以可在单独的文件中进行设计。

图10-74

步骤/14 按照店面设计视觉风格统一性的原则完成短鞋区的设计。重复步骤01、步骤02的操作，完成短鞋区导航的设计。按照风格统一性的原则，我们可以适当对设计完成的"马丁鞋海报"稍作修改。最终效果如图10-75所示。

图10-75

图10-75（续）

步骤/15 以"热卖专区"的版式设计方式为参照，完成"短鞋区"产品布局的设计。具体操作方式，参看随书附带的视频教程。

设计说明： 由于淘宝版面的设计更加注重版式的统一性和联系性，所以对于一些经常用到的标签、图案、色彩、线条等修饰物，我们可以单独设计、单独保存。这样淘宝店面设计中需要使用时，我们只需打开文件对其内容进行修改即可。设计的效率非常高。就本章而言，作者重复用到的设计内容如图10-76所示。

图10-76

10.4.6 别致蕾丝&长鞋区的设计

以10.4.4节中"热卖专区"的版式设计方式为参照，完成"长鞋区"产品布局的设计，如图10-77所示。具体操作方式，请参看随书附带的视频教程。这一点在设计时应更多地考虑到页面视觉效果的连贯性，其版式布局、设计思维在本质上是一样的，仅仅是更换了不同的素材图样。

作者给大家的建议是希望通过对比学习和实际动手操作，认真体会10.4.4节与本小节内容中所使用的相同设计手法，提炼淘宝店面设计中关于"重复与变化"的运用技巧。

10.4.7 店铺的页脚设计

页脚区域的设计也应考虑到浏览者的浏览体验。所以在本部分可为浏览者在此添加商品导航、返回首页及店家告知浏览者购物须知的一些基本问题，这样既体现了卖家的细微之处，又可避免后期无谓的纠纷。在具体设计上，主要使用了形状工具和文字横排工具，在具体操作技巧上，主要应用到了文字的间距调整，在设计技巧上，主要用到了"对齐"的技巧。总体而言没有太复杂的操作。相信大家也能做好这一步。如有疑问，可参看随书附带的视频讲解。最终效果如图10-78所示。

图10-78

图10-77

第 11 章

电商详情页设计

章前导语 电商详情页的设计，就像实体店导购在和消费者面对面的交流，必须首先了解消费者的实际诉求和购物心理。当通过图文设计，把消费者心目中的疑问逐一解开时，消费者自然也就"大方"下单了。本章将与大家一起分享电商详情页设计的技巧和案例制作过程。

11.1 详情页营销要素解析

从营销学角度看，电商详情页设计也应该遵循5个原则，即引发兴趣、激发需求、产生信赖和记忆、梦想拥有、做出决定。

11.1.1 引发兴趣

在电商横行的时代，能够引起用户兴趣，是设计好产品详情页的第一步。实际上这一点儿也不难理解，当我们逛超市和百货商场时，最先吸引我们视线的往往就是一些促销信息和优惠信息。说直接一点，就是这些促销的海报信息在悄无声息地"掏走"我们口袋里的银子。

因此，我们认为，引发用户的兴趣，做好详情页可以从设计好店铺的促销活动、产品焦点图、目标用户这3个方面入手。

1.设计好店铺的促销活动

店铺的促销活动、促销海报往往是我们进入产品详情页最先看到的内容。所以在设计时，一定要注意主体明确，促销信息清晰，切忌出现大而全、重点不清晰的促销海报。在设计时要注意图和文案之间的关系，即"图像是对文案的强化，文案是图像的说明书"。在这一原则指引下，所有的设计元素都围绕主体展开。特别是类似"包邮、折扣、优惠券"等内容，一定要特别清晰。如图11-1所示，设计师在设计促销信息

图11-1

时，借助色彩的对比和色彩的连贯性，巧妙地在海报中置入"送围巾"和"领优惠券"两则非常吸引用户的促销信息。

2.设计好焦点图

产品的焦点图，就像我们看到促销海报走近商品仔细观看商品一样，是一种近距离的浏览，所以设计师一定要注意，首先让用户明白产品是什么、产品的使用对象是谁、商品的特色是什么、商品能够为用户解决哪些实际的问题和痛点、产品的产地和材质是什么、用户使用产品的情景是什么。如图11-2所示的是一家家具店铺的产品焦点图展示，用户可以很清晰地觉察到产品的适用场景及陈列技巧，同时配有文雅的文案，瞬间提升了产品的艺术感，吸引了用户的注意力。

图11-2

3.瞄准目标用户

目标用户可以分两方面理解，其一是指产品的最终使用者，也就是使用者和购买者是统一的，如鞋类产品。其二是指产品的最终使用者和购买者相分离，如母婴用品，婴幼儿是最终使用者，而购买者是父母。所以我们在设计时要考虑到目标用户的心理感受，他们购买产品的最终目的是什么，是自己使用还是赠送亲人，是适合作为礼品，还是适合作为使用商品。只有明白了这些疑问，我们的设计才能更好地针对目标用户去"讲故事"。

如图11-3所示，产品的目标对象很清晰地展示在用户的眼前。

孝敬老妈就选它

图11-3

11.1.2 激发需求

用户下单购买了某种商品，肯定是商品满足了买家的某种需求。例如，特色小吃是满足了消费者喜欢品尝美味的需求。需求可以分为直接需求和间接需求。直接需求就是用户具有很明确的购买目的，知道自己的需求，清楚自己应该购买什么产品，他们通常会关注产品的主图诉求和产品价格；间接需求就是用户没有明确的需求，但是当用户遇见适合自己的产品时就会下单。这就要求设计师在设计产品的详情页时，必须花费很大的精力挖掘用户的需求，塑造产品的核心卖点，用卖点为用户打造一个购买产品的理由，让卖点去吸引用户，进而产生购买。

如图11-4所示，面对不熟悉黑枸杞的用户，商家给出的购买理由是"买一件得两件、先尝后买、全额退款"这样的超诱惑理由，您是不是有一种想尝一尝的冲动呢？

图11-4

11.1.3 产生信赖和记忆

让用户产生良好的记忆，对产品产生一定的依赖，是商家常用的攻心妙计，而良好的场景设计就是设计师常用的技巧。在实际设计中就表现为模特试穿、图文结合的品牌故事、产品放置的特定场景、产品生长的特定土壤等。这些方式在详情页中的出现，在一定程度上会激发用户的联想和心灵共振。

如图11-5所示，良好的场景化设计，不仅给用户留下了深刻的印象，还加强了用户想做出体验的冲动。

图11-5

11.1.4 梦想拥有

梦想拥有实际就是强化用户的想象力和记忆力，为用户创造拥有该产品后的感觉。开心、快乐、爱情、健康、孝敬、交流、社交、尊严、友谊等，都可以为用户创造拥有的理由。

如图11-6所示，设计师并没有一味地强调产品功能，而是重点为用户传达出一种温馨、开心、幸福的画面，作为父母，作为家长，谁不希望自己家的孩子开心快乐呢！

图11-6

11.1.5 做出决定

做出购买的决定，都取决于用户吗？您有没有遇到这样的场面，在饭店吃饭时，服务员会在悄无声息中将饭店最值得推荐的菜品介绍到我们的餐

桌上。所以请大家一定要记住，向用户发出合理的号召，也是一种让用户做出下单转换的关键点。

1.做好套餐营销，实现捆绑销售

做好套餐营销不是说所有的产品都要捆绑相应的关联产品，而是要选择最恰当、最合理的产品做套餐，实现捆绑销售。如图11-7所示，商家巧妙地做好了关联销售，让消费者看上去产品十分便宜和实惠，但实际上商家销售的主要是8件产品。

图11-7

2.认同感

现如今，商家都十分注重培养自己的粉丝，这实际上就是培养用户对产品的一种认同感。如图11-8所示为休闲食品的电商巨头三只松鼠的详情页设计（局部），这种萌萌哒的设计风格得到了粉丝们的极大认同，所以它取得了大家都看得到的业绩。

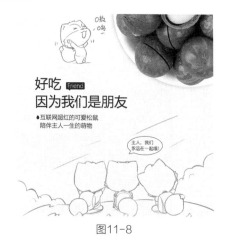

图11-8

作为中小卖家，可以做到的就是在详情页设计中巧妙地将企业的生产基地、库房规模、物流

配送等直接展示给用户。用户的信任度提升了，认同感也会提升，当然转化率也就水到渠成了，如图11-9所示。

多层防御，三重保护
防磨损/防潮湿/防重压

包装图示

产品包装图

此款产品暂无包装，如您需要美观的包装，可订制下图中锦盒，点击进入订制页面。
温馨提示：锦盒是外包订制，不接受退货，如介意请勿订制，谢谢理解！

产品发货包装图

温馨提示：因纸箱大小不同以及产品易碎、重量过重、造型复杂等因素，部分产品需要用纸箱拼接或者使用泡沫箱包装。请以收到的包装为准，如介意外包装请各咨询客服同明情况，谢谢理解！

图11-9

11.2 细节页设计的3个关键点

详情页中的细节设计非常关键，因为浏览者通过细节，可以更加直观地了解和认识产品的做工、材质、品质等内容。细节设计越详细，越能增加浏览者对产品的信任感。本节内容将与大家一起分享细节设计的3个关键点。

1.浏览者关注的部位一定要注意

设计师应该多替浏览者考虑，浏览者关注的部位设计得越细致，越能打动浏览者；那么，成交的概率也就越大。必要时，设计师可通过图像的放大、对比等方式来展现商品的关键部位。如图11-10所示，通过关键部位的展示，浏览者很清晰地看到了产品圆领、立体绣花的效果。此外通过"图形诠释"的运用，无形中增加了产品的竞争力和说服力。

图11-10

2.用对比展现产品的品质

产品品质的细节设计也是打消浏览者内心疑虑的一种常用技巧。因为浏览者在购买一款商品时，难免会与其他的产品进行对比，而设计师如果直接从多角度展现产品的品质，如对比产品的使用环境、运用方式、外观功能延伸性等，如图11-11所示，相信消费者离开页面的概率一定会降低。

图11-11

3.产品细节与主要原料相关联

描述产品的细节，就不要忽略任何部位，越是浏览者认为"非重要"的区域，设计师越要设计得详细，这对坚定浏览者的购买意志、提升店面产品形象都有帮助。

在具体设计中，设计师可通过将产品细节与产品原料相关联的方式来实现。如图11-12所示，设计师在设计棉衣的细节时，除了将衣服的面料等细节展示以外，还巧妙地将产品的原料、原料搭配比例方式等融入其中，这种巧妙关联的方式，在悄无声息中提升了浏览者对产品的好感。

图11-12

图11-13

设计说明：在本案例产品描述页面的视觉设计中，宽度都是按照750像素进行设计，高度只是一个参考值，在实际应用中用户可灵活设置。

11.3 详情页设计案例分享

详情页的设计实际比首页设计还要重要，因为很多时候浏览者通过直通车、钻展图、搜索引擎、淘宝客网站等方式直接进入店面的页面就是产品的描述页。可以说，描述页的设计与浏览者最终是否产生实际的购买息息相关。本节内容将与大家一起分享一个产品描述页的详细制作过程。最终设计效果如图11-13所示。

11.3.1 详情页设计：基本信息区域设计

产品详情页的基本信息区域的设计，看起来很简单，但实质可以明确商品的诉求，唤醒浏览者购买的欲望。技巧，就本案例而言，主要是传达了"冬季，享自由"，同时通过欧式的手写体英文、亮丽的场景展示，进一步强化了浏览者对产品的使用幻觉。最终设计效果如图11-14所示。

图11-14

具体操作步骤如下。

步骤/01 素材搜集。打开一个图像搜索引擎工具，然后搜索以"墙面"为主要关键字的图像。这样是为了增加设计背景的质感，使得产品的真实度得到提升。启动Photoshop软件，然后使用工具箱中的裁剪工具，将图像素材中多余的区域进行裁切，效果如图11-15所示。

图11-15

步骤/02 置入产品的主图。选择工具箱中的矩形工具，将前景色设置为#594b3a，然后绘制一个矩形，调整矩形的不透明度，增强页面的层次感。接着置入产品主图（素材\第11章\11.3\11.3.1-2.psd），将其放置在页面适当的位置。最后使用工具箱中的横排文字工具输入相应的文案内容。完成后的效果如图11-16所示。

图11-16

步骤/03 介绍产品的基本款式。使用工具箱中的矩形工具绘制基本的矩形；使用直线工具绘制相应的修饰线条。然后输入相应的文案内容，如图11-17所示。至此，基本完成了"产品是什么"的设计。

时尚优雅真皮短鞋
舒适短跟+个性鞋带+头层牛皮

舒雅黑色　　　　　　　　　时尚红色

图11-17

步骤/04 设置产品的使用场景，唤醒浏览者体验的消费神经。置入素材文件（素材\第11章\11.3\11.3.1-3.psd、11.3.1-4.psd、11.3.1-5.psd），并分别放置于适当的位置。创建调整图层，改善图像的明暗对比及色彩的饱和度，如图11-18所示。这一步主要是希望通过环境的渲染影响浏览者的内心变化。

图11-18

步骤/05 添加相应的文案内容，提升产品的视觉质量感。使用工具箱中的矩形工具绘制一个矩形，然后设置其"填充"为64%，如图11-19所示。使用工具箱中的横排文字工具输入相应的文案内容，如图11-20所示。英文文案的完美弧度与画面中场景模特的身姿形成很好的呼应。

图11-19   图11-20

11.3.2 详情页设计：卖点解析

卖点解析主要是通过视觉设计为浏览者传达更为清晰的产品信息，将产品的价值、设计细节传达给浏览者，是激发浏览者购买欲望的开始点。最终设计效果如图11-21所示。

图11-21

具体操作步骤如下。

步骤/01 规划页面的基本布局。新建一个图层组，并将其命名为"卖点解析"。然后在该组中新建一个空白图层，并使用颜色#c2aa9d进行填充。使用色彩对比的原理更加醒目地突出产品的存在。

步骤/02 使用剪贴蒙版，为标题文字创建特效。使用工具箱中的横排文字工具输入文案内容。接着新建一个空白图层，并将其命名为"镜头光晕"，如图11-22所示。添加"镜头光晕"滤镜效果，并创建剪贴蒙版，如图11-23所示，使标题文字更为醒目和具有光感。

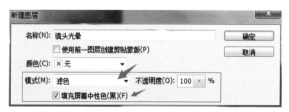

图11-22

步骤/03 为了增加文字的可识别性，可适当为文案内容添加描边效果，如图11-24所示。注意，宽度不要太大，否则就会让文案显得臃肿。

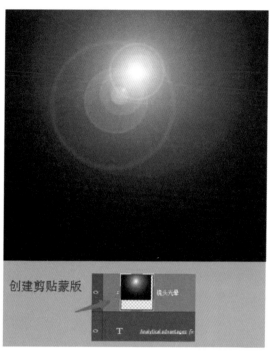

图11-23

ANALYTICAL ADVANTAGES

图11-24

步骤/04 制作精美的光线效果，提升产品的档次。按Ctrl+J组合键，复制"镜头光晕"图层（其图层混合模式保持"滤色"），如图11-25所示。按Ctrl+T组合键，将光晕效果进行压扁，即可获得亮丽的光线效果，如图11-26所示。

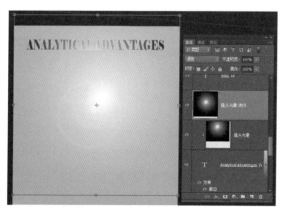

图11-25

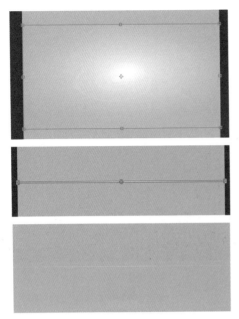

图11-26

步骤/05 输入文案内容，注意字号大小的调整，以突出版面内容的层次性。然后使用橡皮擦工具擦除光线多余的部分，效果如图11-27所示。

图11-27

步骤/06 置入产品主图（素材\第11章\11.3\11.4.3-1.psd），将其放置在页面适当的位置，如图11-28所示。主图一定要清晰、醒目，这样才会增加浏览者对产品的信任。

步骤/07 添加产品的标注，这是细节设计的体现。将前景色设置为黑色，选择工具箱中的直线工具，在按住Shift键的同时分别绘制水平直线和垂直直线。然后使用横排文字工具输入相应的产品参数。完成后的效果如图11-29所示。

图11-28

图11-29

步骤/08 添加醒目的弧线，突出产品的"舒适"度，进而呼应"冬季，享自由"的诉求。新建一个空白图层，使用工具箱中的钢笔工具绘制一条曲线路径，如图11-30所示。将前景色设置为红色，然后打开"路径"面板，在扩展菜单中选择"路径描边"命令，在弹出的对话框中勾选"模拟压力"复选框，是制作该弧线效果的关键点，如图11-31所示。

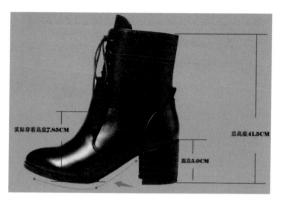

图11-30

图11-31

步骤/09 修饰曲线线条,突出产品的功效特征。打开"图层"面板,为该曲线添加"外发光"图层样式,如图11-32所示。此处选用的发光色为黄色,无形中传达出了产品的保暖功效,如图11-33所示。

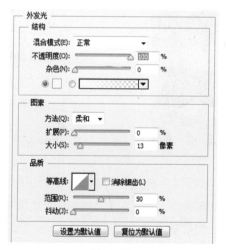

图11-32

图11-33

11.3.3 详情页设计:产品主要卖点展示

如果说上一节仅仅为我们笼统地解析了产品的卖点,那么作为浏览者,关注的一定是更为具体的产品卖点。所以,主要卖点的展示即是真正能够打动浏览者是否购买的关键点,也是通过卖点展示强化浏览者对商品记忆的关键点,当然也是提升店面流量转换的关键点。本节内容将与大家一起分享其主要的设计思路和制作过程。产品卖点的模板设计如图11-34所示。

图11-34

主要设计思路如下。

（1）首先在版式规划上，应该保证浏览者有一个顺畅的浏览体验，故此，作者先用了左右分割的版式。同时为了避免版式的单一，采用了"左图+右文案"与"左文案+右图"的构成方式，如图11-35所示。

图11-35

（2）在色彩的选用上，以产品的主色（黑色）作为版面的主色。

（3）在具体设计上，采用了点、面结合的方式来进行设计，增强了版面的艺术美感，如图11-36所示。

图11-36

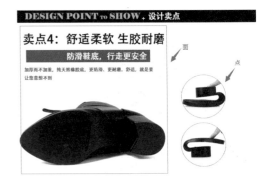

图11-36（续）

主要制作步骤如下。

步骤/01 首先使用工具箱中的矩形工具绘制两个矩形，分别使用黑色和亮棕色进行填充。

步骤/02 选择工具箱中的横排文字工具，输入相应的文案内容。

步骤/03 选择相应的页面对象，选择菜单中的"图层"｜"对齐"｜"左边"命令，将必要的对象进行对齐。

11.3.4 详情页设计：设计手稿

设计手稿主要是为了向浏览者展示产品的设计理念、设计实力、设计来源，从而让浏览者更为清晰地感受到产品本身所包含的无形价值。最终设计效果如图11-37所示。

图11-37

本节内容主要应用了滤镜的相关知识来制作产品的草稿图。这也是本节内容将与大家主要分享的制作技巧点。

具体操作步骤如下。

步骤/01 新建一个图层组，并将其命名为"设计手稿"。

步骤/02 新建一个空白文档，并使用白色进行填充。

步骤/03 使用工具箱中的矩形工具绘制一个灰色的矩形条，并将其放置于页面的上端，作为标题文案的底纹。

步骤/04 置入素材文件（素材\第11章\11.3\11.4.5-1.bmp），并将其放置于页面中适当的位置。然后创建"去色"调整图层，以凸显设计师的雄厚实力和设计经验。

步骤/05 使用工具箱中的横排文字工具输入相应的文案内容。

步骤/06 制作产品的线稿。置入素材文件（素材\第11章\11.3\11.4.5-2.bmp），并将其放置于页面中适当的位置。然后按Ctrl+J组合键，创建素材图像的副本图层。

步骤/07 选中素材图像所在图层（素材\第11章\11.3\11.4.5-2.bmp），然后选择菜单中的"滤镜"|"风格化"|"查找边缘"命令，效果如图11-38所示。选择素材图像的副本图层，然后设置图层的混合模式为"叠加"，效果如图11-39所示。

图11-38

图11-39

步骤/08 添加细小导向标识。设置前景色为黑色，使用工具箱中的矩形工具绘制一个边长为10像素的正方形。按Ctrl+T组合键，将矩形旋转45°。然后使用工具箱中的直接选择工具移动矩形中的节点位置，完成导向标识的制作。制作过程如图11-40所示。

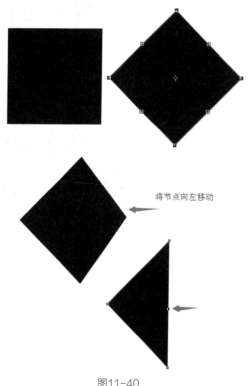

将节点向左移动

图11-40

11.3.5 详情页设计：产品展示部分的设计

该部分设计比较简单，主要要求掌握产品陈列的基本次序即可。同时，对于产品的明暗度、清晰度，要注意适当调整。

主要设计技巧如下。

（1）使用明暗对比来增加产品的质量感，如图11-41所示。置入产品的素材文件，可使用"色阶"调整图层、"亮度/对比度"调整图层灵活设置产品的整体明暗度变化；使用"曲线"调整图层、图层混合模式（柔光、叠加）等方式精细地更改产品的明暗对比。

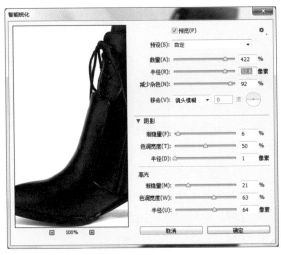

图11-42

图11-41

（2）使用智能滤镜改善图像的清晰度，如图11-42所示。首先选择菜单中的"滤镜"|"转换为智能滤镜"命令，将素材图像转换为智能对象。然后选择菜单中的"滤镜"|"锐化"|"智能锐化"命令，设置素材图像的清晰度。使用"智能锐化"滤镜的优点是，可以灵活调控素材图像不同区域的锐化强度。

11.3.6 详情页设计：模特试穿

模特试穿，主要是通过具体的实例向浏览者展示商品的穿装实效，让浏览者更为清晰地觉察到商品的实际效果，这是吸引浏览者下单的关键一环。所以在设计上，可通过适当的色彩调整来实现。最终设计效果如图11-43所示。

图11-43

具体操作步骤如下。

步骤/01 参考第11.3.4节制作该部分的标题文案区域。

步骤/02 校正素材图像的偏色。置入素材文件（素材\第11章\11.3\11.4.7-1.psd）；可以发现素材图像受拍摄环境的影响，明显偏红、偏黄。创建"色彩平衡"调整图层，降低红色和黄色的比重，稍微增加一点绿色，使整体的视觉效果更为透彻一些，如图11-44所示。

图11-44

步骤/03 创建"曲线"调整图层，稍微改善一下整体的明暗变化，如图11-45所示。

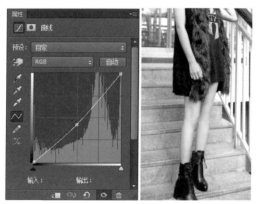

图11-45

步骤/04 添加模特在不同场景中的试穿效果。需要注意的是，图像效果一定要清晰，不要有杂质噪点的干扰。

11.3.7 详情页设计：产品参数及细节展示

产品的详细参数设计是在浏览者详细了解了产品的基本特征、功效、设计来源、品牌构成等内容后，更加近距离地向浏览者展示产品的各个细节，是对浏览者购买意向的再次呼唤。主要设计模板如图11-46所示。

图11-46

主要设计思路如下。

（1）采用大小对比的方式来规划版面的基本构成。

（2）用边框约束浏览者的视线变化。

（3）使用工具箱中的裁剪工具对图像的局部进行精准的裁切，同时保证版面编排的齐整性。

主要操作技巧如下。

（1）使用工具箱中的矩形工具绘制基本的页面修饰矩形，并用灰色及亮棕色作为填充色。

（2）使用工具箱中的横排文字工具输入相应的文案内容。

（3）使用矩形工具绘制边框，在选项栏中设置填充色为"无"，拖曳鼠标绘制相应的矩形边框。

（4）调整精细的标题修饰形状。选择工具箱中的直接选择工具，然后单击如图11-47所示的矩形，使其处于被选择状态。选择工具箱中的添加锚点工具，然后在矩形封闭路径上单击鼠标添加3个节点，如图11-48所示。拖拽鼠标更改节点的位置，如图11-49所示。完成尖突效果的制作。

增加3个节点

图11-47　　　　　图11-48

图11-49

11.3.8　详情页设计：尺码设计

这一部分主要是用来便于浏览者按照自身的足部尺寸选择适合的尺码。由于需要绘制表格来展示不同的数据，但Photoshop软件本身又没有为我们提供绘制表格的相应功能，如果使用矩形工具进行绘制，无疑是太费劲。所以作者在此处是借助Word的表格绘制功能，绘制表格、输入数据，再将表格保存为图像，从而完成本部分的制作。实际上，Word对于制作一些简单的图像效果，其美观度一点也不逊色于在Photoshop中使用矩形工具等所绘制的效果。最终效果如图11-50所示。

尺码对照	SIZE TABLE							
美式鞋码	33	34	35	36	37	38	39	40	41
国内鞋码	215	220	225	230	235	240	245	250	255
脚长（mm）	211-215	216-220	221-235	226-230	231-235	236-240	241-245	246-250	251-260
脚宽（mm）	80	80-85	85	85-90	90	90-95	95	96-100	100

图11-50

11.3.9　详情页设计：关联商品区域的设计

关于关联商品区域的设计，作者在此就不多阐述了，其具体关联的商品需要网店运营人员按照店面具体的购买特征，来选择恰当的关联商品。由于我们已经设计了店铺的首页。所以具体需要关联的商品，只需将其复制即可。

11.4　手机端设计案例分享

11.4.1　详情页设计案例：搭建页面结构

具体操作步骤如下。

步骤/01　创建正确的尺寸。新建一个空白文件，将宽度设置为640像素，高度由于需要按照设计的需要灵活变化，在此暂时可定位为5000像素，如图11-51所示。

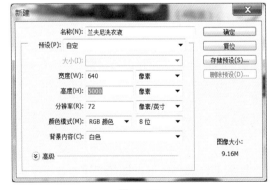

图11-51

步骤/02　搭建正确的设计逻辑。打开"图层"面板，创建如图11-52所示的图层组，这样可以让设计逻辑更清晰，也便于设计师后期灵活更改和查找设计文件。

图11-52

11.4.2 详情页设计案例：设计黏住用户的海报图

具体操作步骤如下。

步骤/01 确定设计海报的设计范围。选择菜单中的"视图"｜"标尺"命令，调出标尺。在此只做辅助线，确定移动端海报设计尺寸的宽为640像素、高为320像素。

步骤/02 设计背景色。将前景色设置为#f9fafe，将背景色设置为#d4e5fb。选择工具箱中的渐变工具，然后在选项栏中设置填充方式为"径向渐变"，绘制一个渐变效果，如图11-53所示。

图11-53

步骤/03 添加产品图像。置入素材文件（素材\第11章\11.4素材\产品.psd），将其放置在文档的中心位置，如图11-54所示。接着创建多个产品的副本，使产品的诉求更明显，如图11-55所示。

图11-54

图11-55

步骤/04 选择所有"产品"所在图层，选择菜单中的"图层"｜"智能对象"｜"转换为智能对象"命令，如图11-56所示。这样，既可以减少图层的数量，又便于设计师进行图层控制。接着创建图层的副本，将其垂直翻转，如图11-57所示。最后添加图层蒙版，为产品添加倒影效果，如图11-58所示。

图11-56

图11-57

图11-58

步骤/05 添加必要的营销文案，如图11-59所示。文案的设计一定要突出产品的优点和独特点。本案例主要突出英国进口和植物洗衣液。文案的颜色采用与产品一致的颜色，同时将文案放置在产品的上方，体现视觉浏览的整体性。

图11-59

步骤/06 添加醒目的标签，突出产品"进口"的卖点。选择工具箱中的钢笔工具，绘制一个三角形，并添加相应的文案内容，如图11-60所示。然后为三角形添加"投影"图层样式，让标签显得更加突出，如图11-61所示。

图11-60

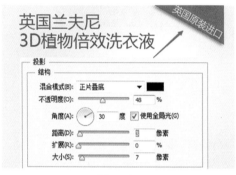

图11-61

步骤/07 既然要黏住用户继续浏览我们的页面，那么就要拿出诚意，为用户赠送一定的礼品，以提升用户的体验满意度。接下来，在页面的右侧导入"礼品"素材文件（素材\第11章\11.4素材\礼品1.psd），将其放置在页面恰当的位置。

步骤/08 创建礼品的副本图层并添加阴影效果。为礼品添加必要的解释文案及其他的辅助性文案。为赠品区添加白色背景，使页面的产品区和赠品区在视觉上更清晰。完成后的效果如图11-62所示。

图11-62

步骤/09 细节设计。至此，产品海报设计基本完成。但页面中还缺少了"植物"。所以在页面中添加"植物"修饰素材，让产品"进口+植物"的卖点更突出。完成后的效果如图11-63所示。

图11-63

11.4.3 详情页设计案例：品牌介绍强化特色

具体操作步骤如下。

步骤/01 置入用作背景的素材文件（素材\第11章\11.4素材\bj1001.psd）。再置入素材文件（素材\第11章\11.4素材\1201.jpg），将其放置在恰当的位置。创建"色彩平衡"调整图层，将图像中多余的黄色去掉，同时轻微增加一点暖色调，如图11-64所示。

图11-64

步骤/02 添加品牌Logo，提升可信度与影响力。置入素材文件（素材\第11章\11.4素材\Logo.psd），将其放置在页面适当的位置。使用工具箱中的横排文字工具添加必要的文案

内容，如图11-65所示。在输入文案时要注意文字的颜色及层次的对比性。

图11-65

步骤/03 接着将产品的一些必要的资质添加到页面中，如图11-66所示。这是提升品牌信任度的很关键要素，在设计和操作上虽然简单，但却是店铺营销页面设计必不可少的核心环节。

通过SGS认证　　绿色环保认证　　英国进口

图11-66

步骤/04 为了体现这些产品资质的权威性，可借助直线工具，将资质文件与广告效果图进行明确的区域划分，如图11-67所示。这样会使资质更清晰、更具有独立性。

图11-67

11.4.4 详情页设计案例：卖点要体现产品的差异化

经过与商家沟通，确认产品的卖点主要包含两部分，即产品理念和用料用法及效用。在本节，我们首先来分享产品理念的差异化设计。

具体操作步骤如下。

步骤/01 制作醒目的标题，可借助色彩的对比实现，用色彩来突出标题的影响力。使用工具箱中的矩形工具绘制一个矩形，设置填充色为#111482，然后输入文案内容，如图11-68所示。

步骤/02 用图形强化文案的视觉影响力。将素材文件（素材\第11章\11.4素材\晒衣服.psd）置入到设计文档中，放置在标题右上角，如图11-69所示。图像不宜太抢眼，否则标题文案的展示会受到影响。

图11-68

图11-69

步骤/03 制作场景文件。置入素材文件（素材\第11章\11.4素材\1209.jpg），并将其放置在恰当的位置。在"图层"面板中设置图层的"不透明度"为60%，然后为其添加"高斯模糊"滤镜，如图11-70所示。

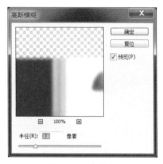

图11-70（续）

步骤/04 制作可视化的图形，强化产品理念的差异化。新建一个空白图层，选择工具箱中的椭圆工具，将前景色设置为白色，绘制一个正圆形。然后在"图层"面板中设置图层的"不透明度"为40%。

步骤/05 借助剪切蒙版制作可视化图形效果。按Ctrl+J组合键，创建圆形的副本图层，置入素材文件（素材\第11章\11.4素材\1203.psd），并将其放置在所创建的"圆形"副本图层的上方，如图11-71所示。选择菜单中的"图层" |"创建剪贴蒙版"命令，制作如图11-72所示的视觉图形效果。最后使用工具箱中的横排文字工具添加相应的文案说明，如图11-73所示。

图11-71

图11-70

图11-72

图11-73

步骤/06 制作细小的指示标识。选择工具箱中的椭圆工具，绘制一个正圆图形。首先在选项栏中设置填充色为#213c6b。然后设置前景色为白色，输入">"字符作为必要的指引标识，如图11-74所示。

图11-74

步骤/07 完成其他类似效果的制作。我们只需重复操作，然后替换相应的文案、图像即可。完成后的效果如图11-75所示。

步骤/08 制作简练的文案，为产品理念提供必要的支持。选择工具箱中的矩形工具，绘制一个矩形。在选项栏中设置填充色为#111482，这样就保障了页面色彩的连续性。设置矩形的

"不透明度"为85%，可以很好地串联页面的浏览轨迹。添加文案后的效果如图11-76所示。

图11-75

图11-76

步骤/09 使用工具箱中的钢笔工具绘制3个不同角度的三角形，并填充不同的颜色，避免页面视觉效果的单调性。完成后的效果如图11-77所示。

图11-77

步骤/10 细化产品的卖点。该步骤在操作上没有太多的难点，但重要之处在于如何选择可以为产品代言的视觉图像。如图11-78所示，分别选择了笑容、母婴、洗涤、抽象化的产品分子图、清香的气味为浏览者传递产品所带给用户的

适用性以及健康快乐感。在选择文案时，应注意标题文案与正文之间的层次性，通过层次化的文案，提升浏览者的浏览体验。

图11-78

11.4.5 详情页设计案例：产品信息与产品展示设计

产品展示设计的要点是设计师应该在悄无声息中通过图像展示，将产品的形象、基本信息、包装物流、基本规格等信息传递给消费者，让消费者增加购买的决心。

具体操作步骤如下。

步骤/01 产品信息设计。首先置入素材文件（素材\第11章\11.4素材\12012.jpg），作为产品信息展示的背景文件。

步骤/02 使用工具箱中的矩形工具绘制一个矩形。打开"图层"面板，为该矩形添加"颜色叠加"图层样式，叠加颜色为#a0d098，这样做的优点是，设计师可以更灵活地修改矩形的填充色。在"图层"面板中设置图层的"不透明度"为75%，制作出透明的玻璃效果，如图11-79所示。

图11-79

步骤/03 绘制虚线，为标题添加形状。使用工具箱中的钢笔工具绘制一个形状，然后为图形添加"渐变叠加"图层样式。选择工具箱中的渐变工具，设置填充色为#0f4175到#1861ac的垂直线性渐变效果。使用工具箱中的钢笔工具绘制两条线段，然后在选项栏中设置"填充"为无、"描边"为白色，描边样式为虚线。完成后的效果如图11-80所示。

图11-80

步骤/04 复制虚线段，制作产品信息展示的区域。完成后添加相应的文案内容，完成产品信息的展示。借助虚线的分割，可以让产品信息展示得更清晰。完成后的效果如图11-81所示。

图11-81

步骤/05 添加产品图像，强化产品的认知度。添加绿色枝叶等轻微的修饰产品的存在。完成后的效果如图11-82所示。

图11-82

步骤/06 产品的展示应该将产品的整体包装，如使用细节、生产日期、物流包装、使用方法、用量展示等通过多角度、多维度展示给浏览者，让用户很清楚地知道商家的服务细节及产品的用法和用量。

步骤/07 产品图像的调节要注意，不能为了美化而美化，应该保持产品的原色原貌。在本案例中，运用色彩调整图层，在不伤害产品图像原色的基础上对产品的色彩和色调进行了校正，如图11-83所示。

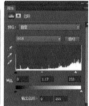

图11-83

步骤/08 绘制圆角矩形，并为其添加"投影"图层样式，突出产品的存在感。然后借助剪贴蒙版完成产品的展示设计，如图11-84所示。

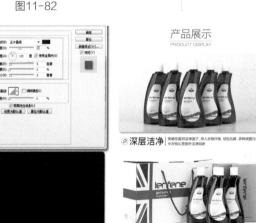

图11-84

第12章

电商专题页设计

章前导语　专题页面一方面是为了提升店铺品牌产品的知名度，同时促进用户的转化，另一方面就是通过策划和设计一些优惠活动，更好、更快地形成进店用户的直接转化。本章将与大家一起分享店铺专题页面设计的技巧和案例制作过程。

解析电商专题页面策划的 **4** 个要点

1.策划目的

电商专题页面设计不同于一般的店面设计，它具有很强的目的性和针对性，一般来说，专题页面的策划目的主要包括提升品牌货店铺的知名度和提高产品的销量。

（1）提升店铺品牌的知名度，主要包括品牌推荐、新品推荐、店铺推荐、提升品牌形象、提升店铺形象、提高店铺知名度等。

（2）提高产品销量，主要包括依照产品的销售情况和资金流动情况，清理多种库存产品，或者为了吸引新的用户、推出新的系列产品而打造爆款。

2.注意活动开始的时间限制

设计专题页面，一定要考虑页面应用的时间限制，如果是店铺自家的促销活动，相对来说灵活度要高一些，不管是哪一种促销活动，一定要做好以下两项工作。

（1）在平台制定的促销活动时间之内，紧跟平台促销活动的节奏，借势平台整体的流量。

（2）规划店铺自有的营销活动。根据店铺情况策划相应的店铺活动，比如店庆日、新品推介日、会员日等（总体都要注意会员营销）。

3.明确活动的主题

电商专题活动的主题不同，设计需求是不同的，根据经验，我们认为可以通过以下4种形式来明确活动的主题。

1）产品体现

让顾客直接了解促销产品，通过展示产品，直接展现促销内容；通过爆款价格展示促销活动的力度，引起目标消费者的注意和关注。

2）明确利益点

给顾客创造一个购买的理由、好处和场景。通过海报设计来实现设计关键点（理由、场景、好处）。

3）促销形式体现

降价、返券、满减、立减、买赠、买返等。在店铺活动中要有以上形式的直接体现。例如，低至2折起、最低只要1块钱等。

4）结合社会热点或社会话题

例如，结合春节，"年货先到家，到家先尝鲜"。结合热点话题吸引消费者的注意力，很容易引起消费者的共鸣。

4.选产品

店铺开展专题活动一定要合理地选择产品，否则会影响最终的营销效果。根据经验，可按照如表12-1所示的方式来选择店铺参加活动的产品比例。切记，并不是每一款产品都要在店铺活动中实现销量的增加。

表12-1　参加店铺活动的产品比例

产品分类	高性价比产品占比	30%
	利润款产品占比	60%
	形象款占比（提升整体形象）	10%
产品组合	多挖掘产品的卖点，找到产品之间的关联点进行搭配销售和捆绑销售	

 营销要素解析

1.简析专题活动页

活动专题页面，主要是承载各种形式的促销、宣传、推广、营销产品等活动的页面，形式多种多样。活动页面通常是顶部Banner+标题再

配以活动入口的展示形式，主要以背景、Banner和标题字体的视觉处理来烘托整体氛围；有的活动页会加入领红包等趣味性强的互动方式来展现。但无论哪种活动页，页面中展示的信息都包括5种，即醒目的活动标题、直观的活动入口、活动奖品/商品展示、参与活动的有效时间，以及如何合理布局，将以上所有信息以最优方式展现在页面中（活动页设计的关键）。

2.充分利用首屏，展示核心信息

首屏的主要作用就是将活动的核心内容传达给用户。研究结果表明，用户80%以上的注意力在对首屏内容的浏览上，对于活动页而言，最重要的核心内容是我们通常所说的以下4项。

（1）专题页面开展的是什么活动？——活动主题。

（2）专题页面什么时候开展？——活动时间。

（3）专题页面有什么激励——奖品、赠品（优惠/利益）。

（4）用户如何参加活动？——参与入口的设计。

活动页面首屏应当包含上述完整的内容，同时限制文案文字的数量以减轻用户视觉"扫描"的压力。

3.标题要阐明活动的价值

简单直接而具有吸引力的标题文案内容让用户可以快速了解我们的品牌与活动带给他们的核心价值和利益，请记住，用户根本没时间去看那些长篇大论的具体内容。当然，标题若能精巧构思设计得别出心裁那就更好了。首先，简单直接就是考虑到用户浏览标题是一扫而过，简单直接的文字会提高用户理解营销信息的效率；其次，文案要使用用户熟悉的语言，这是避免用户直接关闭页面的永恒良方；最后，标题要直截了当地

告知用户利益点与价值所在，如"免费""立减""包邮"等词语都能起到不错的营销效果。有的设计师也会直接地采用比较"暴力"的手法进行标题设计，常用的技巧就是"动词+名词"概括活动核心操作或流程，如"送大礼、玩应用、得礼包"等。

4.参与入口是专题页提升转化率的关键

足够醒目却又不显张扬的按钮要处于视觉页面的醒目位置，它是引导用户进入专题活动的详情页面，告知用户如何参与活动的必要手段；在视觉表现上，按钮可适当采用对比、渐变投影等特殊质感效果，若采用艺术化的字体，需考虑到字体的可读性。

12.3 案例设计全程：京东商城店铺专题页

设计关键词：色彩对比　营造氛围　对称式布局　光影的运用

本专题页面设计是一家农特产品在京东农特频道的促销页面。在制作时，通过喜庆的红色营造愉悦的视觉效果。在局部细节设计上，通过使用色彩对比，来提示用户如何做出点击的决定，通过添加必要的礼品修饰物，来强化专题页面的促销氛围。

12.3.1 总体布局规划

专题页面设计，首先要能够清晰地展现出专题的主题和主旨，让浏览者扫描一眼，就能够快速地进入设计所展现的营销意境之中。最终设计效果如图12-1所示。

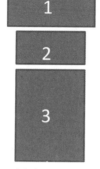

1.欢迎模块　　　2.促销优惠　　　3.广告产品

图12-1

各部分设计要点解析如下。

1.欢迎模块

该部分是商家展示形象，强化浏览者记忆的重点场所，所以内容不宜多，但要有重点。所以在设计上，通过柔化的产品作为背景图案，通过运用Logo颜色，强化色彩对比，使得店铺的名称更容易识别，为了说明店铺的实力，用黄色标签直观地展示店铺的销量。

2.促销优惠

这一部分的内容设计是商家要求必须要展示给浏览者的，原因是该位置在设计完成后，恰好位于视觉中心位置，是浏览者眼睛最容易看到的位置，通过优惠券，向浏览者最直接、最快速地传递店铺所带给浏览者的实惠，进而增加店铺的流量和转化率。

3.广告产品

该区域是商家在活动中所要销售的产品展示部分，设计时，通过营造空间感、运用光影渲染、对称布局的方式来进行页面设计，便于浏览者快速扫描产品的信息，同时又不会增加浏览者的视觉疲劳。

12.3.2　专题页的页面背景设计过程分享

具体操作步骤如下。

步骤/01 确定设计尺寸。新建一个空白文件，将文件的宽度设置为990像素、高度设置为1000像素，如图12-2所示。页面高度会随着设计的需要而进行灵活更改。接着选择工具箱中的移动工具，然后在文档的左右两侧各绘制一条辅助线，如图12-3所示。

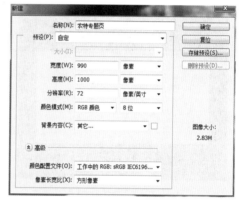

图12-2

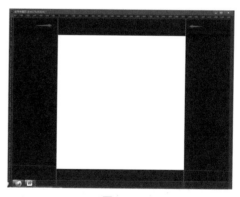

图12 3

步骤/02 更改文档的尺寸。选择菜单中的"图像"｜"画布大小"命令，更改页面的宽度为1920像素，如图12-4所示。完成后，即可得到页面的主要视觉显示区域。这样即使用户的浏览器分辨率设置不高，也可以保证主要视觉区域显示在页面的正中心位置，如图12-5所示。

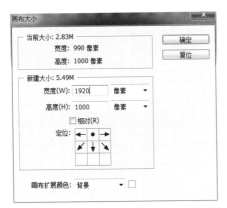

图12-4

图12-5

12.3.3 专题页欢迎区设计过程 分享

具体操作步骤如下。

步骤/01 设计店招的背景。绘制一个宽为1920像素、高为150像素的矩形，并使用红色进行填充。打开素材文件（素材\第12章\定义图案.psd），然后将其定义为图案，如图12-6所示。

图12-6

图12-6（续）

步骤/02 用图案填充店招的背景。单击"确定"按钮后，返回到设计文档，创建一个空白图层，并将其命名为"店招背景图案"。然后绘制一个矩形选区，选择菜单中的"编辑"｜"填充"命令，在"使用"下拉列表中选择"图案"选项，如图12-7所示。设置完成后，在"图层"面板中将图层的混合模式设置为"柔光"，如图12-8所示。

图12-7

图12-8

步骤/03 添加店铺的Logo并输入店铺名称。打开素材文件（素材\第12章\Logo.psd），将其置入到当前设计文档中，并放置在页面适当的位置。选择工具箱中的横排文字工具，输入所需要的店铺名称，并在"字符"面板中对文字的属性进行设置，如图12-9所示。

图12-11

步骤/06 选择工具箱中的横排文字工具，输入店铺活动的热卖产品的销售数量，如图12-12所示。打开"字符"面板，对文字的属性进行设置，如图12-13所示。

步骤/07 创建图层组。在"图层"面板中新建一个图层组，并将其命名为"店招"。然后将店招所涉及的图层拖曳到图层组中，对图层进行管理，如图12-14所示。

图12-9

步骤/04 添加促销活动的热卖产品。将素材文件（素材\第12章\热卖产品.psd）置入到当前设计文档中，并放置在页面适当的位置。创建副本图层，强化产品的视觉注意力。完成后为产品添加轻微的阴影效果，如图12-10所示。

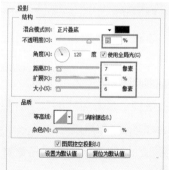

图12-12

图12-10

步骤/05 使用工具箱中的圆角矩形工具绘制一个圆角矩形，并用黄色填充该矩形。在矩形的轮廓路径上添加1个锚点，然后更改锚点的位置，获得如图12-11所示的效果。

图12-13　　　　图12-14

恰当地使用图层组管理图层，是设计师提高工作效率，快速查找需要编辑和修改的目标图层的便捷通道之一，是十分方便的一种方法，希望大家有所重视。

步骤/08 设计导航栏。选择工具箱中的矩形工具，将前景色设置为黑色，绘制一个宽为1920像素、高为30像素的矩形作为导航栏的背景色。之所以使用黑色，是希望运用色彩对比的技巧，更巧妙地突出导航栏的位置。

步骤/09 设计导航按钮。选择工具箱中的矩形工具，绘制一个宽为120像素、高为30像素的矩形，并使用#fff20e到#fff855的渐变色填充该矩形，如图12-15所示。接着为矩形添加#edae25的内发光效果来修饰该矩形，如图12-16所示。

图12-15

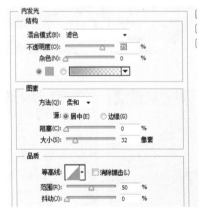

图12-16

步骤/10 细化按钮效果。新建一个空白图层，绘制一个如图12-17所示的选区。然后使用#edae25填充该选区，获得按钮背景的光折射效果，如图12-18所示。

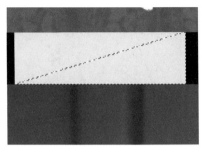

图12-17

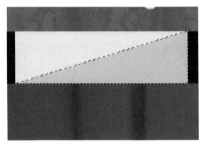

图12-18

步骤/11 完成导航按钮的制作。取消选区，然后使用工具箱中的横排文字工具输入文案内容，完成导航栏的制作，如图12-19所示。

图12-19

接着我们一起分享全屏海报的设计过程。这一部分是整个专题页面的视觉焦点区域，所以一定要将本专题页面能够带给浏览者的优惠幅度、赠送礼品、让利原因等所有可以吸引浏览者眼球注意力的视觉元素进行合理的展示。在具体设计上，我们认为不一定非得将页面设计得多么复杂，只要能最快、最直接地将专题所要传达的营销信息传达给浏览者就是最好的。

步骤/12 添加素材文件。将素材文件（素材\第12章\舞台.psd、产品.psd）置入到当前设计文档中，并放置在页面适当的位置，如图12-20所示。很显然仅仅放置了产品还无法有效地聚焦浏览者的目光。

图12-20

步骤/13 为产品营造热销和聚焦目光的场景氛围。首先将素材文件（素材\第12章\礼品.psd）置入到当前设计文档中，如图12-21所示。然后为了让礼品凸显诱人的光影，可为其添加外发光样式作为必要的修饰，如图12-22所示。

图12-21

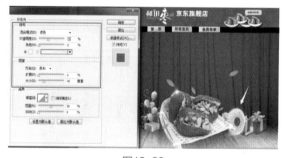

图12-22

步骤/14 设计专题活动的主题文案。主要是告诉浏览者，本店产品降价的理由和让利的原因，避免少数用户因为价格原因而对产品的质量产生怀疑。

步骤/15 使用工具箱中的横排文字工具输入文案内容。然后按Ctrl+J组合键，创建两个文字的副本图层，完成后将图层命名为"阴影"，以便于创建良好的光影分布结构。

步骤/16 为文字添加渐变叠加效果。为文字添加色彩渐变，是为了给文字添加一层高光效果。渐变开始色为#ffff8e，结束色为#fff81d。具体参数设置及效果如图12-23所示。

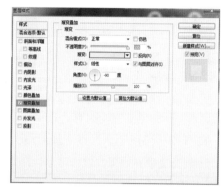

图12-23

步骤/17 为文案内容添加高亮度的描边效果。这一步操作是细节操作。按住Ctrl键不放，单击文案图层缩览图，将文字载入选区，如图12-24所示。新建一个空白图层，然后选择菜单中的"编辑"｜"描边"命令，为文字添加白色的描边效果，如图12-25所示。

图12-24

图12-25

步骤/18 细化文案的阴影。选中"阴影"图层，如图12-26所示。为其添加#b3021f到#93081a的渐变填充效果，这样可以让阴影效果更自然，如图12-27所示。

图12-26

图12-27

步骤/19 强化文字的视觉效果。首先新建一个空白图层，然后使用柔性的白色笔刷在所在图层中进行涂抹，然后将图层混合模式设置为"柔光"，制作出文案受光照后的高亮效果，如图12-28所示。接着将素材文件（素材\第12章\光影.png）置入到当前设计文档中并放置在页面适当的位置，并将图层的混合模式设置为"滤

色"，如图12-29所示。

图12-28

图12-29

步骤/20 借助图形，突出专题页面让利的吸引力。将前景色设置为黄色，然后使用工具箱中的自定形状工具绘制3个如图12-30所示的形状。然后使用工具箱中的横排文字工具输入相应的文案内容，如图12-31所示。

图12-30

图12-31

在设计中，特别是需要强调或突出主旨内容时，巧妙地借助数学公式可以很好地实现。

以上设计是本次设计的初稿，后经过内部讨论，觉得视觉表现虽然符合了简单、直接的设计思路，但是似乎吸引力还不够；如果将赠送、免费体验品尝的产品直接展示出来，则可以让浏览者更近距离地感受到专题活动所带来的实惠与利好。

步骤/21 添加必要的产品，让浏览者更近距离地感受到专题活动所带来的实惠与利好。将素材文件（素材\第12章\赠品.psd）置入到当前设计文档中，然后按Ctrl+T组合键，调整素材图像的放置角度，如图12-32所示。

图12-32

12.3.4 促销优惠区设计过程分享

具体操作步骤如下。

步骤/01 欢迎模块设计完成后，接下来设计促销优惠券。新建一个空白文件，将背景色设置为透明，然后使用红色填充该文档。选择工具箱中的橡皮擦工具，设置笔触的"间距"，如图12-33所示，完成后，按住Shift键不动，在图像的左侧边缘处进行涂抹，即可获得优惠券的"邮票"边缘效果，如图12-34所示。

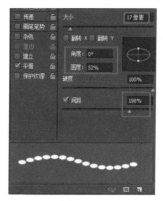

图12-33

图12-34

步骤/02 添加必要的优惠金额。选择工具箱中的横排文字工具，输入相应的文案内容，如图12-35所示。在设计中，优惠金额是重点需要展示的营销信息，所以在选择字体时，应选择较粗的字体。

图12-35

优惠券设计一定要简单，只要达到营销的意图即可，版面太多的信息会影响用户获取促销信息的效果。

12.3.5 广告商品区设计过程分享

具体操作步骤如下。

步骤/01 促销商品区的设计，可先设计一套模板，然后将需要促销的商品放置在页面的指定位置即可。这样，虽然版式具有一定的局限性，但对于营销信息的表达，的确是最直接的。

步骤/02 设计产品的展示舞台。新建一个空白文件，将宽度设置为990像素，高度设置为300像素，并使用#9d0208进行填充，如图12-36所示。该颜色可以有效降低纯红色对用户眼睛的刺激。

图12-36

步骤/03 绘制五边形作为舞台的背景元素。将前景色设置为#ce011d，将背景色设置为#b10a20，然后使用工具箱中的多边形工具绘制一个五边形。在选项栏的"填充"下拉面板中设置形状的填充方式为从前景色到背景色的径向渐变效果，如图12-37所示。

图12-37

步骤/04 为图形添加投影效果。打开"图层"面板，为多边形添加投影效果，这样会使舞台背景显得更有层次，如图12-38所示。

图12-38

步骤/05 为图形添加光影。按Ctrl+Enter组合键，将图形载入选区。新建一个空白图层，并使用白色进行描边，描边宽度为4像素。按Ctrl+D组合键取消选区。然后使用工具箱中的橡皮擦工具擦除多余的内容，获得相应的高光效果，如图12-39所示。

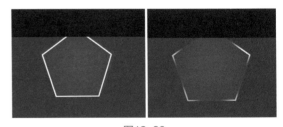

图12-39

步骤/06 创建图层组并复制图层组。在"图层"面板中新建一个图层组，并将其命名为"多边形"。然后将多边形所涉及的图层拖曳到图层组中，对图层进行管理。通过"图层"面板可以看到效果，如图12-40所示。

图12-40

步骤/07 借助"透视"功能,制作舞台台面。选择工具箱中的矩形工具,将前景色设置为#d0011d。选择菜单中的"编辑"|"变换"|"透视"命令,如图12-41所示。更改图形的效果,获得舞台的台面,如图12-42所示。

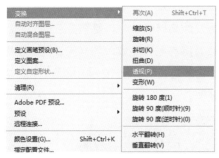

图12-41

图12-42

步骤/08 制作舞台的投影。按Enter键完成透视效果,接着再按Ctrl+J组合键制作出"舞台台面"的副本图层。打开"图层"面板,为该副本图层添加投影效果,如图12-43所示。

步骤/09 修饰舞台。选择工具箱中的画笔工具,设置笔刷的不透明度及笔触大小,在相应

的位置绘制光影效果,如图12-44所示。这一步就是对舞台环境进行的渲染。

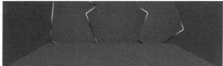

图12-43

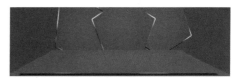

图12-44

步骤/10 设置光影的发光源。将素材文件(素材\第12章\光影.png)置入到当前设计文档中并放置于页面适当的位置。打开"图层"面板,依次设置"光影"图层的混合模式为"滤色",如图12-45所示。

图12-45

至此，本案例的舞台设计完成。下面只需将产品及文案添加至舞台中，即可完成相应的制作。在实际设计中，我们可将产品的放置顺序采用"左—右—左—右"的方式进行放置，这样既简单，又会使商品的展示具有一定的规律。

步骤/11 置入产品并添加投影效果。打开"图层"面板，为产品添加投影效果，使得产品离浏览者的距离"更近"，如图12-46所示。

图12-46

提示

将投影色的混合模式设置为"正片叠底"，可以使黑色很好地与背景色相融合，从而让投影效果显得更自然。

步骤/12 绘制图形、添加文案内容完成最终的设计。如果我们需要更换产品，只需移动文案图层组到版面的右侧即可。

步骤/13 创建图层组。在"图层"面板中新建一个图层组，并将其命名为"标签"。然后将所涉及的图层拖曳到图层组中，对图层进行管理。通过"图层"面板可以看到效果，如图12-47所示。

图12-47

步骤/14 移动图层组的内容，添加其他商品。复制"标签"图层组，并将图层组中的对象移动至设计文档的右侧，隐藏多余的"商品"图层，然后将其他产品置入到当前设计文档中并放置于适合的位置，如图12-48所示。完成最终效果的制作。

图12-48

12.4 天猫手机端无线商城的专题页面设计

设计关键词：色彩对比　大小对比　点面结合　版式对齐

本专题页面设计是一家小家电产品在天猫商城的专题页面。在制作时，通过运用绿色与洋红色的对比，形成很清晰的页面浏览线路；通过大小对比的应用，较好地处理了点与面的关系，通过对齐的使用，增强了版面严谨性和视线浏览的便利性，营造出愉悦、自然的视觉效果。

12.4.1 总体布局规划

无线手机端专题页面规划，首要考虑的是用户的浏览特点，即简单、直观，而又保持页面视线浏览的连续性。进而清晰地展现出专题的主题和主旨，让浏览者能够快速地检索到所要购买的产品。最终设计效果如图12-49所示。

1.无线端店招　　2.热卖产品海报　　3.广告产品

图12-49

各部分设计要点解析如下。

1.无线端店招

该部分就是要简单直观，快速、简单地告知用户本店面（本次活动）的所属性质。

2.热卖产品海报

这一部分的内容设计一方面是快速地引导用户进入专题页面的视觉范围；另一方面用红包、用低价，紧紧地黏住用户，增强用户参与的欲望。内容展示宜简不宜繁，一定要考虑到无线端视觉效果展示的特性。

3.广告产品

该区域是商家在活动中所要销售的产品展示部分，设计时，通过运用色彩对比、大小对比的方式，同时借助线的特性将浏览者的视线进行串联，便于浏览者快速扫描产品的信息。

12.4.2 无线端的页面布局与背景设计分享

具体操作步骤如下。

步骤/01 无线端页面设计一定要考虑终端用户的分辨率。依据用户调研结果，我们可以将尺寸设置为宽640像素、高3000像素，分辨率设置为72像素/英寸，如图12-50所示。高度的具体设置，用户可根据实际需要灵活调整。但最高尺寸建议不要超过5~6屏。

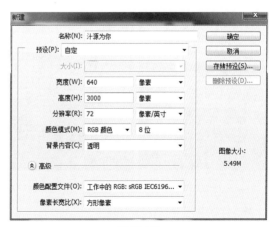

图12-50

步骤/02 将背景色设置为#79c802，这是充分考虑到产品的效果特性而设置的颜色。接下来选择一些有机的果蔬产品置入到当前设计文档中，如图12-51所示。

步骤/03 调整图像的"不透明度"为40%，图层的混合模式设置为"柔光"，使用户在柔和的效果中感受到果蔬的存在。效果如图12-52所示。

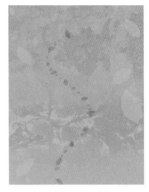

图12-53（续）

图12-51 　　　　　　　图12-52

步骤/04 新建一个空白图层，选择工具箱中的画笔工具，按F5键，打开画笔控制面板，调整笔刷的参数，在文档中绘制落叶的效果，如图12-53所示。在绘制时注意曲线弧度的完美，它是引导用户视线的"线"。

12.4.3 专题页面的店招与焦点海报的设计分享

具体操作步骤如下。

步骤/01 置入随书附带的素材文件，将其置入到当前设计文档中，并调整其大小。创建"曲线"调整图层，更改素材文件的明暗对比及色彩变化，让图像的视觉效果更清晰，如图12-54所示。

图12-53

 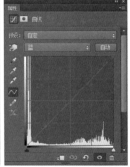

图12-54

步骤/02 添加文案内容。无线端的店招设计不需要太复杂，只需要花费点时间，筛选出比较恰当的视觉图像，然后添加必要的文案就可以满足设计的需要，如图12-55所示。图像是文案内容的再现，文案是对图像内容的重复和强化。

图12-55

步骤/03 焦点海报的设计。首先将素材文件（素材\第12章\云彩1.jpg、云彩2.jpg）置入到当前设计文档中，然后分别为其添加图层蒙版，遮盖多余的内容，使海报的背景具有一定的空间感，如图12-56所示。然后再将修饰素材文件（素材\第12章\树枝.jpg）置入到当前设计文档中。

图12-56

步骤/04 创建调整图层，统一页面的视觉色调。打开"图层"面板，创建"色彩平衡"调整图层，调整图像的高光、中间调和阴影的色调，使合成后的画面效果更统一，如图12-57所示。

图12-57

步骤/05 添加产品及修饰素材并调整色调。将素材文件（素材\第12章\产品1.psd、果蔬产品.psd）置入到当前设计文档中并放置于页面适当的位置。创建"色相饱和度"调整图层，提升产品主体色彩的饱和度，增加产品的可识别性，如图12-58所示。

步骤/06 添加页面修饰素材。新建一个空白图层，并将其命名为"落叶"。选择工具箱中的画笔工具，在文档中绘制相应的"落叶"效果。创建"落叶"图层的副本图层，选择菜单中的"滤镜" | "模糊" | "动感模糊"命令，为落叶增加动感模糊效果，如图12-59所示。

中。接着将素材文件（素材\第12章\光影.jpg）
置入到当前设计文档中，并放置于页面适当的位
置，如图12-60所示。选中"光影"图层，选择
菜单中的"图层"｜"创建剪贴蒙版"命令，为
文字添加醒目的视觉效果，如图12-61所示。

图12-60

图12-58

图12-61

步骤/08 添加辅助文案，并为文案添加描
边效果。选择工具箱中的横排文字工具，在文
档中输入相应的文案内容，文字的颜色设置为
#fb1f72，目的是维护报纸页面视觉效果的连贯
性。打开"图层"面板，为文案添加描边效果，
使染发膏文案显得更具有可读性，如图12-62
所示。

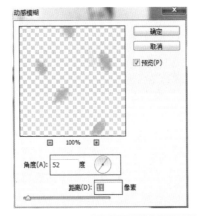

图12-59

步骤/07 选择工具箱中的横排文字工具，
输入相应的文案内容。为了便于移动和修改文案
内容，可将文案多次输入，放置在不同的图层

图12-62

步骤/09 添加红包。红包的绘制主要是借用了色彩的明暗变化，通过色彩的明暗变化制作出红包的视觉效果。在绘制时首先绘制一个矩形，然后创建形状的副本图层。调整其宽度，改变外观变化（更改为三角形），然后通过复制三角形，即可得到最终效果。绘制及调整过程如图12-63所示。

图12-63

步骤/10 再次绘制一个黄色的矩形，更改其图层位置，然后输入相应的文案内容。接着使用工具箱中的椭圆工具绘制一个椭圆形，并填充

为红色。使用添加锚点工具在椭圆形状上添加一个锚点。使用直接选择工具调整其位置，完成最终制作，如图12-64所示。

图12-64

12.4.4 广告产品区效果的制作分享

本节内容，由于前面做好了相应的铺垫效果，在设计时只需按照大小对比及色彩对比的设计安排，在页面中绘制相应的椭圆形状。在绘制时需要注意大圆形状与小圆形状之间要保持一定的紧密性，相互之间的距离不要太大，否则页面的产品信息就会显得十分松散。

绘制完成一个产品陈列模板后，其他的产品陈列只需进行相应的复制操作即可实现。完成后的效果如图12-65所示。

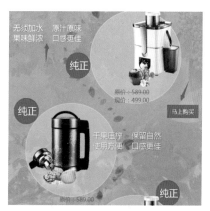

图12-65

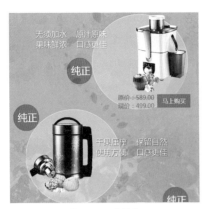

图12-65（续）

12.5 案例：微信 O2O 新年专题海报

在本案例中，我们将一起分享如何通过重复使用素材图像，同时借助光影、二维码等元素来设计一则大气、喜庆、时尚的O2O新年海报。最终设计效果如图12-66所示。

图12-66

具体操作步骤如下。

步骤/01 新建一个空白文档，尺寸大小设置为宽640像素、高1200像素，分辨率设置为72像素/英寸。为了更便捷地调控，色彩模式暂且设置为RGB模式。

步骤/02 设置背景色。将前景色设置为#be0f0f，将背景色设置为#750707。然后选择工具箱中的渐变工具，在选项栏中设置渐变方式为"径向渐变"。通过色彩的明暗对比，创建具有空间感的背景。

步骤/03 通过定义图案创建背景内容的层次感。打开素材图像（素材\第12章\花纹.tif）。按Ctrl+A组合键，全选花纹。选择菜单中的"编辑" | "定义图案"命令，在弹出的"图案名称"对话框中将图案命名为"花纹背景"，如图12-67所示。

图12-67

步骤/04 返回到新建的文档中，选择菜单中的"编辑" | "填充"命令，在弹出的"填充"对话框中选择"使用"为"图案"，在"自定图案"下拉列表中选择"花纹背景"，如图12-68所示。

步骤/05 打开"图层"面板，将图层的混合模式设置为"叠加"，图层的"不透明度"设置为55%。选择工具箱中的橡皮擦工具，将多余的图案内容进行擦除，如图12-69所示。

步骤/06 再次打开素材图像（素材\第12章\花纹.tif）。选择工具箱中的移动工具，将花纹移动至当前文档中并调整好位置。打开"图层"面板，将图层混合模式设置为"叠加"。为了创建版面的对称效果，需要再次将"花纹"进行复制并垂直翻转。完成后效果如图12-70所示。

图12-68　　　　　　　　　图12-69

项栏中将渐变方式设置为"线性渐变"，然后在文档中拖曳鼠标，将多余的素材内容进行遮盖。这样的透明效果与背景的光影效果相吻合。完成后的效果及"图层"面板如图12-71所示。

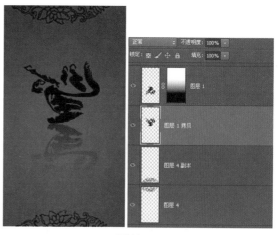

图12-71

步骤/10 置入二维码素材（素材\第12章\二维码.tif），通过点与点的对比增加版面的视觉美感，如图12-72所示。

步骤/11 添加其他的文案内容。完成最终效果的制作，如图12-73所示。本案例以光影为衬托，以图案对称和点与点的对称为画面主要构成元素，使海报的整体效果简单而大气。

图12-70

步骤/07 添加主体图像，创建画面的视觉焦点。打开素材图像（素材\第12章\马.tif）。选择工具箱中的移动工具，将花纹移动至当前文档中并调整好位置。按Ctrl+J组合键，创建素材图像的副本图层。选择菜单中的"编辑"|"变换"|"垂直翻转"命令，将"马"字进行垂直翻转。

步骤/08 创建图层蒙版，遮盖多余对象。将前景色设置为白色，将背景色设置为黑色。打开"图层"面板，单击"添加图层蒙版"按钮，为素材图像添加图层蒙版。

步骤/09 选择工具箱中的渐变工具，在选

图12-72　　　　　　　　　图12-73